Planen, gründen, wachsen

Mit dem professionellen Businessplan zum Erfolg

Bibliografische Information der Deutschen Nationalbibliothek
Die Deutsche Nationalbibliothek verzeichnet diese Publikation in der Deutschen Nationalbibliografie.
Detaillierte bibliografische Daten sind im Internet über http://dnb.d-nb.de abrufbar.

ISBN 978-3-86881-279-4

5., aktualisierte Auflage 2010

© 1997 by Redline Verlag, FinanzBuch Verlag GmbH, München
www.redline-verlag.de

Autorenteam: Alexandru Cristea, Martin Heucher, Daniel Ilar, Thomas Kubr, Heinz Marchesi, Kaspar
Müller, Michael Waldner und Andràs Zsenei, McKinsey & Company, Inc., Switzerland
Gestaltung: Mifflin-Schmid, Zürich
Druck- und Bindearbeiten: Kessler, Bobingen
Printed in Germany

Inhalt

Vorwort zur 5. Auflage

Das vorliegende Handbuch entstand 1997 erstmals auf Initiative von McKinsey Schweiz und liegt nun in der fünften Auflage vor. Das Buch „Planen, gründen, wachsen" war seinerzeit Pionier und stieß deshalb auf breite Nachfrage. Inzwischen hat sich das Umfeld für Unternehmensgründungen wesentlich verbessert. Viele Institutionen stehen kreativen und mutigen Jungunternehmern zur Seite. Zahlreiche Wettbewerbe fördern innovative Ideen. Universitäten haben Entrepreneurship-Lehrstühle und Transferstellen geschaffen. Sie haben ein umfangreiches Curriculum für Unternehmer in spe und unterstützen Forscher bei der Anmeldung von Patenten und der Gründung von Spin-offs. Das Internet hält riesige Datenmengen zum Thema Firmengründung bereit. Medien stilisieren erfolgreiche Jungunternehmer zu neuen Helden der Wirtschaft. Sie erhöhen durch ihre regelmäßige Berichterstattung über spektakuläre Start-ups das Interesse einer breiten Öffentlichkeit an unverbrauchten Erfolgstorys. Selbst wer scheitert, hat heute größere Chancen, nicht mehr als Verlierer wahrgenommen zu werden.

McKinsey beschäftigt sich seit vielen Jahren mit Erfolg versprechenden Geschäftsmodellen. Unsere Erfahrung mit profitablem Wachstum innovativer Neugründungen wollen wir nicht nur etablierten Unternehmen zur Verfügung stellen, sondern gerade auch vielen Menschen, die dabei sind, den Sprung in die Selbstständigkeit zu wagen.

In der Schweiz startete McKinsey in den Jahren 1997 und 1998 gemeinsam mit der ETH Zürich den Businessplanwettbewerb „Venture – Companies for tomorrow". Mit Venture 2010 wurde der Wettbewerb inzwischen zum siebten Mal veranstaltet. Die bisherigen Wettbewerbsrunden kamen auf 1400 Geschäftsideen und 670 Businesspläne. Rund 250 neue Firmen gingen daraus hervor. Sie schufen mehr als 2500 neue Arbeitsplätze. Weitere werden folgen. Zusätzlich wurde auf Initiative von McKinsey Schweiz und der ETH Zürich ein Fonds für Gründungskapital initiiert. Zehn bekannte Schweizer Konzerne haben im Rahmen des „Venture Incubators" zusammen 100 Mio. CHF an Gründungsgeldern bereitgestellt, welche für Jungunternehmer zur Verfügung stehen.

Bei der Durchführung von Venture 2010 durften die Initiatoren, McKinsey Schweiz und die ETH Zürich, erstmals auf einen dritten austragenden Partner zählen. Es ist dies die KTI, die Förderagentur für Innovation des Bundes. Die Zusammenarbeit mit der staatlichen Förderstelle für Innovation hat die nationale Ausstrahlung des größten Businessplanwettbewerbs der Schweiz unterstrichen.

Aufgrund der großen und anhaltenden Nachfrage – und im Vorfeld der Austragung von Venture 2012 – wurde die fünfte Auflage aktualisiert.

Wir hoffen, dass Sie dieses Buch auf dem Weg zur eigenen Firma unterstützen wird.

Dr. Thomas Knecht
Founder of Venture

DANK

Bei der inhaltlichen Gestaltung und Bearbeitung des Buches haben sich die Autoren auf das Beratungs-Know-how und die Erfahrung von McKinsey mit zahlreichen Start-up-Projekten weltweit stützen können. Auch viele erfolgreiche Unternehmer und führende Venture Capitalists haben unser Buchprojekt bereitwillig unterstützt und aus erster Hand berichtet, wie erfolgreiche Unternehmen zustande kommen und worauf Firmengründerinnen und Firmengründer achten sollten. Wir danken Bernard Cuandet, Peter Friedli, Adrian Kalt, Matthias Reinhart, Olivier Tavel, Hans van den Berg, Branco Weiss, Brian Wood und Hans Wyss für die vielen Hinweise aus der Praxis.

Zahlreiche unserer Kolleginnen und Kollegen von McKinsey Schweiz und Deutschland haben in der einen oder anderen Form zum Gelingen dieses Buches beigetragen. Besonders danken wir Jürg Bolliger, Benedikt Goldkamp, Jules Grüninger, Ralf Hauser, Regina Hodits, Markus Leibundgut, Ueli Looser, Patrick Maier, Bruno Marty, Alexander Moscho, Daniel Münch, Christian Reitberger, Felix Rübel, Mauro Saladini, Bruno Schläpfer, Georg Schubiger, Florian Schulte, Helen Schoch, Barbara Staehelin, Cyrill Wipfli, Thomas Wirth. Susanne Brülhart und Evi Glauser danken wir für das umsichtige Korrekturlesen.

Das Autorenteam: Alexandru Cristea, Martin Heucher, Daniel Ilar, Thomas Kubr, Heinz Marchesi, Kaspar Müller, Michael Waldner, Andràs Zsenei.

Ein großer Dank gebührt den folgenden Firmen, die Venture finanziell und mit Teilnahme im Advisory Board unterstützt haben:

- Alstom
- Ascom
- AXA Winterthur
- BCV
- Bühler
- Capital Dynamics
- Credit Suisse
- Die Schweizerische Post
- ETH Zürich
- Gurit Heberlein
- Hilti
- Horizon21
- KTI
- McKinsey & Company
- Nobel Biocare
- Novartis
- NZZ
- Partners Group
- Phonak
- Roche
- Schindler
- Schweiter Technologies
- Sika
- SIX Group
- Sulzer
- Swiss Re
- Syngenta
- UBS
- VZ Holding
- Zurich Financial Services

Über dieses Handbuch

Victory usually goes to those green enough to underestimate the monumental hurdles they are facing.

Richard Feynman
Physiker

Über dieses Handbuch

Dieses Handbuch handelt von der Gründung innovativer, wachstumsstarker Firmen. Lesen Sie es, wenn Sie zu den Menschen gehören, die eine neue Geschäftsidee mit hohem Wachstumspotenzial haben und diese entwickeln und realisieren wollen. Grundsätzlich ist in Zentraleuropa alles vorhanden: An aussichtsreichen innovativen Ideen fehlt es bei uns nicht. Forschung und Technologie können sich international sehen lassen. Auch Geld, zum Beispiel in Form von Venture Capital, ist vorhanden. Es gilt, diese Bedingungen zum Durchbruch zu nutzen.

Think big

Lassen Sie sich von großen Vorhaben nicht abschrecken. Der weitaus größte Schritt ist die Gründung eines Unternehmens selbst: Es erfordert einen gewaltigen Kraftakt, eine Firma mit 1 Million Umsatz aufzubauen – und nur unwesentlich mehr, 10 Millionen Umsatz zu erreichen. Oft erleichtern große Ambitionen die Aufgabe sogar, denn viele potenzielle Partner sind eher für große als für kleine Vorhaben zu gewinnen.

Vom Nutzen des Businessplans

Die Schlüsselfrage bei der Gründung wachstumsstarker Unternehmen ist die Finanzierung. Ohne Kapital von Investoren geht es nicht. Professionelle Investoren fördern nur Projekte, denen ein fundierter Businessplan zugrunde liegt. Das hat mehrere Gründe:

Der Businessplan

> zwingt die Firmengründer, ihre Geschäftsidee systematisch zu durchdenken, und verleiht ihr damit die nötige Schlagkraft;

> zeigt Wissenslücken auf und hilft, diese effizient und strukturiert zu füllen;

> zwingt zu Entscheidungen und damit zu fokussiertem Vorgehen;

> dient als zentrales Kommunikationsinstrument zwischen den verschiedenen Partnern;

> gibt einen Überblick über die benötigten Ressourcen und deckt dadurch Lücken auf;

> ist die Trockenübung für den Ernstfall: Es kostet nichts, wenn eine absehbare Bruchlandung während der Businessplanung erkannt wird – später können die Folgen für die Unternehmer, die Investoren und die Mitarbeiter schwerwiegend sein.

Der Businessplan ist die Grundlage zur Verwirklichung einer Geschäftsidee und dient letztlich dazu, das für die Gründung und Entwicklung des Unternehmens notwendige Kapital zu beschaffen.

ZIELPUBLIKUM DES HANDBUCHES

Dieses Handbuch richtet sich an alle, die ein Unternehmen – speziell ein Wachstumsunternehmen – gründen möchten. Es trägt der Praxis Rechnung, dass erfolgreiche Firmengründer nicht notwendigerweise Betriebswirtschafts- oder Marketing-Experten sind.

Firmengründer ohne betriebswirtschaftliche Ausbildung finden in diesem Handbuch:

◆ Eine schrittweise Einführung in die Konzepte, die für die Erstellung eines Businessplans und die Finanzierung einer Geschäftsidee notwendig sind.

◆ Jenes Basiswissen, das erlaubt, in Gesprächen und Verhandlungen kompetent mitzureden und die richtigen Fragen zur Sache zu stellen.

◆ Business-Jargon. Die wenigen Fachausdrücke, die Sie kennen sollten, werden erklärt. Betriebswirtschaftliche Begriffe sind zudem im Glossar zusammengefasst.

◆ Hinweise auf weiterführende Literatur.

Firmengründer mit betriebswirtschaftlichen Kenntnissen finden in diesem Handbuch ein Konzept, das ganz auf die Gründung von wachstumsstarken Firmen zugeschnitten ist.

Aus Gründen der einfacheren Lesbarkeit wird im folgenden Text nur die männliche Schreibweise verwendet. Selbstverständlich sind jeweils weibliche und männliche Personen gemeint.

AUFBAU DES HANDBUCHES

Das Handbuch ist als Arbeitsinstrument und Nachschlagewerk für den Praktiker konzipiert. Diesem Anspruch trägt der Aufbau Rechnung: Er folgt im Wesentlichen den Kapiteln eines professionellen Businessplans, wie er zur Beschaffung von Venture Capital erarbeitet werden muss.

Teil 1: Gründungsprozess und Lebensweg von Wachstumsfirmen beschreibt den Gründungsprozess und den Entwicklungsverlauf von wachstumsstarken, neu gegründeten Unternehmen.

Teil 2: Geschäftsidee – Konzeption und Präsentation beschreibt, wie Geschäftsideen entstehen, worauf bei der Beschreibung einer Geschäftsidee zu achten ist und wie man erkennt, ob eine Geschäftsidee Aussicht auf Finanzierung hat. Ein Fallbeispiel zeigt, wie eine Geschäftsidee aussehen kann.

Teil 3: Ausarbeitung des Businessplans ist das Kernstück des Handbuches. Die einzelnen Kapitel eines professionellen Businessplans werden ausführlich erläutert und am Beispiel des Businessplans FoldCon illustriert. Ökonomisch nicht vorgebildete Leser finden hier auch das nötige betriebswirtschaftliche Grundwissen.

Businessplan SnowTrack. Beispiel eines professionellen Businessplans.

Teil 4: Eigenmittelbeschaffung und Unternehmensbewertung beschreibt die Interessen der Unternehmensgründer und der Kapitalgeber bei der Finanzierung eines Start-ups, wie die beiden Parteien zu einem Deal kommen können und worauf in den Verhandlungen zu achten ist. Zudem werden Vorgehensweisen vorgestellt, wie der Unternehmenswert praxisnah abgeschätzt werden kann.

Der Anhang enthält das ausführliche Inhaltsverzeichnis, ein Glossar wichtiger Fachausdrücke, Hinweise auf weiterführende Literatur sowie Internet-Adressen zum Thema.

Gründungsprozess und Lebensweg von Wachstumsfirmen

Viele sind hartnäckig in Bezug auf den eingeschlagenen Weg, wenige in Bezug auf das Ziel.

Friedrich Nietzsche
Philosoph

Gründungsprozess und Lebensweg von Wachstumsfirmen

Neue, wachstumsstarke Firmen sind unternehmerische Vorhaben mit der Ambition, in Bezug auf Umsatz und Mitarbeiterzahl rasch zu wachsen. In kurzer Zeit – man spricht von etwa fünf Jahren – soll aus dem Start-up ein etabliertes Unternehmen entstanden sein. Das unterscheidet sie wesentlich von weniger ambitionierten Firmengründungen. Wachstumsstarke neue Firmen können sich nur selten aus eigener Kraft finanzieren; sie sind auf finanzkräftige professionelle Investoren angewiesen. Für die Gründer eines wachstumsstarken Unternehmens wird die Finanzierung zur Daseinsfrage: Das Gründungsvorhaben muss somit von Beginn an mit den Augen der zukünftigen Investoren betrachtet werden.

In diesem Kapitel erfahren Sie,
- welche Faktoren für eine erfolgreiche Firmengründung unabdingbar sind;
- wie professionelle Investoren eine Neugründung betrachten;
- wie der Gründungsprozess wachstumsstarker Unternehmen typischerweise abläuft.

ERFOLGREICHE UNTERNEHMENSGRÜNDUNG

Erfolgreiche Unternehmen entstehen aus der Verbindung von drei Elementen.

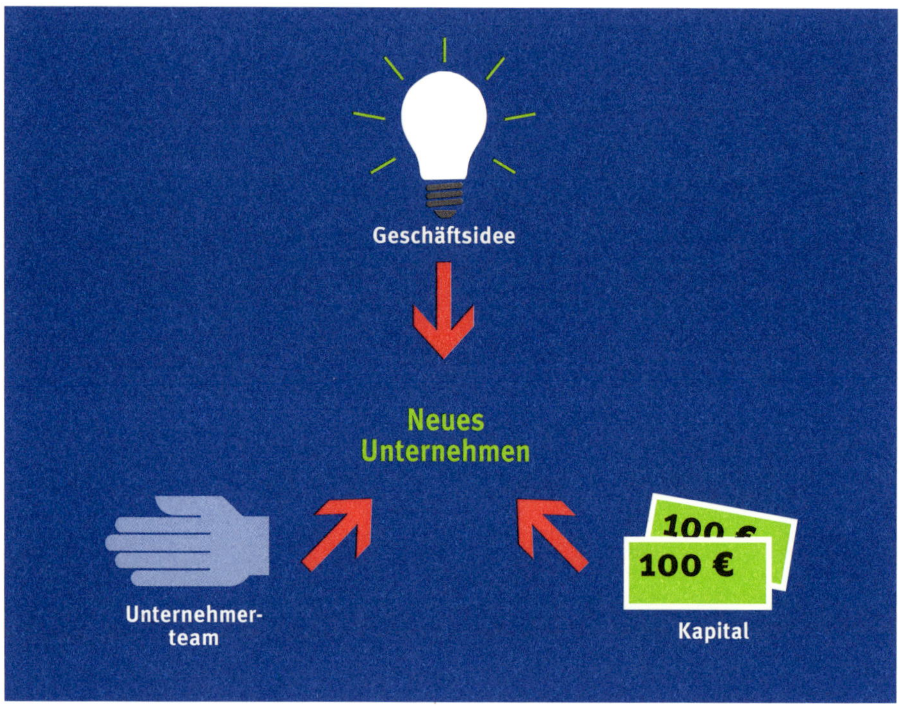

1. Ohne Geschäftsidee kein Geschäft. Mit der Idee ist der kreative Prozess aber nicht abgeschlossen, er beginnt erst. Viele Firmengründer sind anfänglich verliebt in ihre Idee und verkennen, dass sie bestenfalls Ausgangspunkt einer langen Entwicklung sein kann und harte Prüfungen bestehen muss, bis sie als ausgereifte Geschäftsidee Aussicht auf Finanzierung und Markterfolg hat.

2. Geld ist unabdingbar. Kapital ist in Zentraleuropa zum Glück ausreichend vorhanden, sodass aussichtsreiche Projekte – aus Sicht eines Investors – auch Geld finden.

3. Das Managementteam ist das kritische Element einer Firmengründung. Was ein gutes Managementteam auszeichnet, wird in Kapitel 3 „Unternehmerteam" ausführlicher diskutiert. Wachstumsstarke neue Firmen sind keine Einmannunternehmen; sie sind nur mit einem Team aus in der Regel drei bis fünf Unternehmern realisierbar, deren Fähigkeiten sich ergänzen. Teambildung ist erfahrungsgemäß ein schwieriger Prozess, der viel Zeit, Energie und Einfühlungsvermögen erfordert. Beginnen Sie deshalb gleich damit, und arbeiten Sie während des ganzen Gründungsprozesses daran.

DIE BETRACHTUNGSWEISE DER INVESTOREN

Der gesamte Gründungsprozess muss auf die erfolgreiche Kapitalbeschaffung ausgerichtet sein. Professionelle Investoren sind vorerst der härteste Test für die Erfolgsaussichten Ihrer Geschäftsidee. Richten Sie Ihre Kommunikation ganz auf Investoren aus, und lernen Sie, wie sie zu denken. Mit der Beschreibung einer Geschäftsidee – mag sie noch so genial sein – werden sie sich nicht zufriedengeben. Investoren wollen genau wissen, wofür sie ihr Geld investieren – und vor allem mit wem. Das Team ist für sie mindestens so wichtig wie die Idee. Investoren wollen auch von Anfang an wissen, wann ihr Engagement endet und wie sie ihre Investition zurückerhalten. Die Realisierung des Gewinns ist immer Ziel und Zweck der Beteiligung von Investoren.

Unternehmensfinanzierung mit Venture Capital

Was ist Venture Capital?

Venture Capital ist Geld, das von Risikokapitalgesellschaften oder einzelnen Personen für die Finanzierung von neuen Unternehmen bereitgestellt wird. Solche Projekte haben typischerweise hohe Gewinnchancen, aber auch ein hohes Verlustrisiko. Venture Capitalists wollen aus ihrer Beteiligung einen dem Risiko entsprechenden Gewinn erzielen und begleiten ein Gründungsprojekt deshalb intensiv, um das Potenzial auch auszuschöpfen.

Was leisten Venture Capitalists für das neue Unternehmen?

Venture Capitalists sind zugleich

> Coaches und Motivatoren des Gründerteams,
> Spezialisten im Aufbau von neuen Unternehmen,
> Türöffner zu einem Netz erfahrener Unternehmer,
> Ratgeber bei der Realisierung des Erfolgs
> (Verkauf der Firma, Börsengang).

Auf der anderen Seite werden Venture Capitalists auch die Zügel in die Hand nehmen, wenn das Unternehmerteam hinter den vereinbarten Zielen zurückbleibt.

Wie wählen Sie einen Venture Capitalist aus?

Venture Capitalists erwarten in der Regel eine hohe Beteiligung am neuen Unternehmen. Dafür sind sie mit tatkräftiger Unterstützung, die weit über das finanzielle Engagement hinausgeht, maßgeblich für den Geschäftserfolg mitverantwortlich. Hierin unterscheiden sich auch die verschiedenen Venture Capitalists. Das Unternehmerteam sollte seine Investoren deshalb gut kennen. Wenn Sie lieber 20 % eines 100-Millionen-Unternehmens besitzen wollen als 80 % eines 5-Millionen-Betriebes, werden Sie Ihre Investoren nicht nur danach auswählen, wer am meisten Geld zu den günstigsten Konditionen einbringt.

GRÜNDUNG IN DREI ENTWICKLUNGSSTUFEN

Die Denkweise des Investors spiegelt sich im typischen Verlauf der Gründung und Entwicklung wachstumsstarker Unternehmen. Für Investoren endet jede Phase mit einem Meilenstein und für den Firmengründer mit einer Hürde, die es zu meistern gilt. Inhalt und Hürden der einzelnen Phasen zu kennen, erspart Ihnen als Unternehmensgründer nicht nur vergebliche Mühe, sondern auch Enttäuschungen.

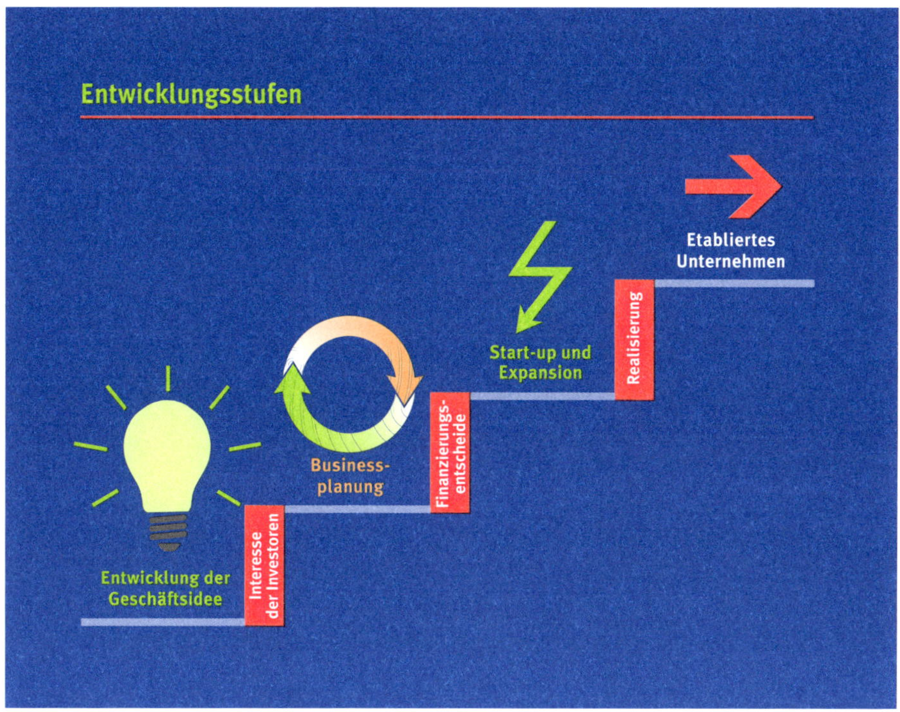

Auf Stufe 1 werden Sie Ihre Geschäftsidee zu Papier bringen und aufgrund einiger weniger Schlüsselgrößen auf ihre Markttauglichkeit hin analysieren. Hürde dieser Phase wird für Sie als Firmengründer sein, das Interesse von Investoren für die Geschäftsidee zu wecken und sie von der grundsätzlichen Finanzierungswürdigkeit zu überzeugen.

Auf Stufe 2 werden Sie die Geschäftsidee in Form eines Businessplans weiterentwickeln. Hürde dieser Phase wird für Sie sein, die Mittel für die Finanzierung des Geschäftsaufbaus zugesprochen zu erhalten.

Use the planning
process to decide
if the business is
really as good as
you think.
Ask yourself if you
really want to spend
five years of your
life doing this.

Eugene Kleiner
Venture Capitalist

Auf Stufe 3 kommt die Hauptarbeit auf Sie zu. Mit dem Businessplan müssen Sie ein funktionierendes Unternehmen aufbauen. Ziel ist ein erfolgreiches Geschäft, das Gewinn erwirtschaftet und Hunderten von Menschen interessante Tätigkeiten bietet. Für die Investoren ist dann die Zeit zum Ausstieg gekommen: Ihre Firma ist kein Start-up mehr, sondern ein etabliertes Unternehmen, das an die Börse gebracht oder auch an eine andere Firma verkauft werden kann.

Dieser Gründungsprozess wird Ihre Aufgabe als Initiator einer Geschäftsidee und Ihren Weg bis zur eigenen Firma prägen, wenn Sie erfolgreich sein wollen. Die Anforderungen der Investoren bestimmen maßgeblich, wie und mit welcher Einstellung Sie an die einzelnen Etappen der Gründung herangehen müssen.

Stufe 1: Entwicklung der Geschäftsidee

Am Anfang steht die „geniale" Idee – die Lösung für ein Problem. Das kann ein neues Produkt oder eine neue Dienstleistung sein; es kann aber auch eine Innovation innerhalb bestehender Geschäfte sein, ein neues Herstellungsverfahren zum Beispiel, eine neue Vertriebsform oder sonst eine Verbesserung der Gestaltung, der Erzeugung oder des Verkaufs einer Marktleistung. Die Idee muss daraufhin geprüft werden, ob es dafür auch Kunden gibt und wie groß der „Markt" sein wird. An und für sich hat eine Idee keinen Wert; erst wenn sie erfolgreich in einem „Markt" umgesetzt werden kann, erhält sie einen ökonomischen Wert.

Sie müssen nun auch damit beginnen, ein Team zusammenzustellen und Partner zu finden, die Ihr Produkt oder Ihre Dienstleistung bis zur Marktreife (oder zumindest bis kurz davor) weiterentwickeln – bei Produkten wird das meist ein funktionierender Prototyp sein. In dieser Phase werden Sie in der Regel ohne Venture-Kapital auskommen müssen. Sie finanzieren Ihr Vorhaben noch mit eigenem Geld, mit Unterstützung von Bekannten, vielleicht staatlichen Forschungszuschüssen, Beiträgen von Stiftungen oder anderen Zuwendungen – Investoren sprechen von „seed money", weil Ihre Idee als Keimling noch nicht dem rauen Klima des Wettbewerbs ausgesetzt ist.

Ihr Ziel für diese Phase muss sein, Geschäftsidee und Markt – das Fundament Ihrer neuen Firma – so klar und prägnant darzustellen, dass potenzielle Investoren sich dafür interessieren, Ihre Idee gemeinsam mit Ihnen weiterzuentwickeln. Grundsätzliches und praktische Hinweise finden Sie in Teil 2 dieses Handbuches.

Stufe 2: Ausarbeitung des Businessplans

Investoren, die neue, wachstumsstarke Unternehmen finanzieren, werden sich nicht damit begnügen, Businesspläne zu lesen. Sie werden in der Regel bei der Erstellung des Businessplans mitwirken wollen, bevor sie sich am künftigen Unternehmen beteiligen. Sie werden das Managementteam als Coach begleiten und ihre Branchenerfahrung und Beziehungen einbringen. In erster Linie wollen sie dabei die Menschen kennenlernen, die hinter der Idee stecken. Gehen sie mit Selbstvertrauen und Zuversicht an ihre Aufgabe heran? Zeigen sie Führungs- und Kommunikationsfähigkeiten? Sind sie offen und ehrlich? Haben sie einschlägige Erfahrung? Und nicht zuletzt: Sind der Wille zum Erfolg und die Fähigkeit, Lösungen auch umzusetzen, spürbar?

Den Blick für das Ganze schulen

Entscheidend in dieser Phase ist, das Ganze im Auge zu behalten. Verlieren Sie sich nicht in Details! Der Businessplan hilft Ihnen dabei: Sie müssen die Risiken Ihrer Geschäftsidee durchdenken und abwägen. Sie müssen sich auf Unvorhergesehenes einstellen, in „Szenarien" denken lernen. Sie müssen Pläne und erste Budgets für die wichtigsten Funktionen des Unternehmens erstellen – für Entwicklung, Produktion, Marketing, Vertrieb, Finanzen. Und natürlich müssen Sie zahlreiche Entscheide treffen: Welche Kunden oder Kundensegmente sprechen Sie an? Welchen Preis werden Sie für Ihr Produkt oder Ihre Dienstleistung verlangen? Wo ist der beste Standort für Ihr Geschäft? Werden Sie selbst produzieren oder mit Dritten kooperieren? Und so weiter.

In der Planungsphase haben Sie auch mit vielen Kontaktpersonen außerhalb Ihres Gründerteams zu tun. Neben den Investoren werden Sie mit vielen Experten sprechen: mit Anwälten, Steuerberatern, Werbefachleuten. Sie müssen auch den Kontakt zu Ihren potenziellen Kunden suchen, um erste Marktschätzungen vorzunehmen. Sie werden Lieferanten ausfindig machen und eventuell bereits erste Verträge abschließen. Und Sie werden Ihre Konkurrenten kennenlernen wollen.

Risiken eingrenzen

Die Phase der Geschäftsplanung ernsthaft und mit der gebotenen Seriosität anzugehen, lohnt sich auf jeden Fall: Letztlich wird der Markt über den Wert Ihrer Geschäftsidee entscheiden und dabei ein gnadenloser Richter sein. Der Businessplan dient dazu, eine Idee vor diesem ultimativen Test zu durchleuchten – als Prüfstand für das spätere reale Geschäftsleben. Bei der Erarbeitung des Businessplans werden Sie gemeinsam mit dem zukünftigen Investor alle Facetten des Geschäfts einmal „trocken durchspielen". Der Venture Capitalist ist dabei der härteste, weil realistischste Prüfer. Sie werden in dieser Phase beweisen müssen, dass das Geschäft funktionieren kann, dass die betriebswirtschaftlichen Planannahmen realistisch sind, dass Sie und Ihr Team in der Lage sind, das Geschäft im Markt zum Erfolg zu führen. Trotz aller Vorkehrungen bleibt eine Wachstumsfirma für den Investor ein Risiko: Die Erfahrung zeigt, dass von zehn finanzierten Geschäften sich im Durchschnitt nur eines als Schlager erweist, drei sich einigermaßen entwickeln, drei dahinsiechen und drei Totalverlust erleiden. Es ist also nur verständlich, wenn der Investor alles Menschenmögliche unternimmt, um die Risiken seiner Investition in Grenzen zu halten – umgekehrt ist das Risiko natürlich sein Geschäft.

Aufwand mit eigenen Mitteln finanzieren

In dieser intensiven Konzeptionsphase nehmen natürlich auch die Kosten zu. Das Team muss seinen Lebensunterhalt bestreiten, ein rudimentärer Betrieb muss aufrechterhalten, ein Produkt-Prototyp weiterentwickelt werden. Der Kostenrahmen sollte aber auch in dieser Phase für Sie abschätzbar sein. Die Finanzierung wird noch immer von den gleichen Quellen wie in der ersten Phase getragen werden müssen. Gelegentlich werden Investoren aber zu einem Vorschuss bereit sein.

Für Sie als Unternehmensgründer ist diese Phase dann erfolgreich abgeschlossen, wenn der Investor sich bereit erklärt, Ihr Vorhaben zu finanzieren. Im Teil 4 dieses Handbuches lesen Sie Ausführlicheres zu diesen Fragen.

Stufe 3: Firmengründung, Marktauftritt und Wachstum

Nun sind die konzeptionellen Arbeiten im Wesentlichen abgeschlossen, und es beginnt die Umsetzung des Businessplans. Sie werden vom Designer des Geschäftes zu seinem Erbauer. Der Geschäftserfolg muss jetzt im Markt erarbeitet und durchgesetzt werden. Wesentliche Aufgaben sind zum Beispiel:

- Firmengründung;
- Aufbau der Organisation und Führung;
- Aufbau der Produktion;
- Werbung;
- Markteinführung;
- Reaktion auf Bedrohungen: Konkurrenten, technologische Entwicklungen;
- Ausbau der Produktion;
- Erschließen neuer Märkte;
- Entwicklung neuer Produkte.

In dieser Phase wird sich erweisen, ob Ihre Geschäftsidee gut und richtig war – und letztlich Gewinn abwirft.

Ziel erreicht: Realisierung des Erfolgs

Mit der Realisierung dokumentieren Sie den Erfolg der Unternehmung. Wenn alles gut gegangen ist, werden Sie das Geschäft mit mindestens dem Gewinn verkaufen können, den Sie im Businessplan angestrebt haben. Der gewinnbringende Ausstieg, der Exit, stand für die Investoren von Anfang an als Ziel fest. Das heißt aber nicht, dass auch Sie als Unternehmer aussteigen. Ein Unternehmer bleibt vielfach im Geschäft, jedoch oft mit reduziertem finanziellem Engagement. Nicht zuletzt können die Unternehmer dann auch die finanziellen Früchte ihrer Arbeit ernten.

Der Kapitalabzug kann ganz verschiedene Formen haben. Normalerweise wird das Unternehmen verkauft, zum Beispiel an einen Konkurrenten, Lieferanten oder Kunden, oder es wird an die Börse gebracht – man spricht dann von Initial Public Offering (IPO). Möglich ist auch, dass Investoren, die aussteigen wollen, von den anderen Partnern ausbezahlt werden.

Lohn der Anstrengung

Aus Ihrem Risikounternehmen ist inzwischen ein etabliertes Unternehmen geworden. Sie haben in seinem noch kurzen Dasein viele Arbeitsplätze geschaffen und mit innovativen Problemlösungen viele Kunden gewonnen. Und natürlich hat sich Ihr Einsatz auch finanziell für Sie ausgezahlt.

Shoot for the moon. Even if you miss it you will land among the stars.

Les Brown
Amerikanischer Redner und Autor

Geschäftsidee
Konzeption und Präsentation

You look at any giant corporation, and I mean the biggies, and they all started with a guy with an idea, doing it well.

Irvine Robbins
Unternehmer

Geschäftsidee – Konzeption und Präsentation

Ausgangspunkt eines jeden erfolgreichen Unternehmens ist die überzeugende Geschäftsidee. Sie ist der erste Meilenstein im Gründungsprozess eines Wachstumsunternehmens. Um Investoren als Partner für Ihr zukünftiges Geschäft zu finden, müssen Sie Ihre Geschäftsidee aus Sicht des Investors ausformulieren, das heißt prägnant und konzis aufzeigen, welchen Kundennutzen das zukünftige Geschäft für welchen Markt erbringt und wie Sie damit Geld verdienen werden.

In diesem Kapitel erfahren Sie,
- wie eine Geschäftsidee gefunden und entwickelt wird;
- was eine überzeugende Geschäftsidee enthalten muss;
- wie Sie Ihre Geschäftsidee gegenüber Investoren präsentieren.

Das Fallbeispiel FoldCon am Schluss dieses Kapitels zeigt Umfang und Detailgrad einer ausgearbeiteten Geschäftsidee und eine mögliche Form der Präsentation.

Teil 2

The best way to have a good idea is to have a lot of ideas.

Linus Pauling
Chemiker

WIE EINE GESCHÄFTSIDEE GEFUNDEN ...

Untersuchungen zeigen, dass der Großteil neuer und erfolgreicher Geschäftsideen von Leuten entwickelt wird, die bereits einige Jahre einschlägige Erfahrung haben. Wer eine Geschäftsidee zur nötigen Reife
entwickeln will, braucht vertiefte Kenntnis der Technologie, des
Kundenverhaltens oder der Branche. Gordon Moore und Robert
Noyce zum Beispiel hatten bereits mehrere Jahre Erfahrung bei
Fairchild Semiconductors gesammelt, bevor sie Intel gründeten.

Es gibt aber auch Beispiele revolutionärer Konzepte, die von „Laien" erfunden
worden sind. Steve Jobs und Steve Wozniak brachen ihre Universi-
tätsausbildung ab, um Apple zu gründen. Fred Smith formulierte
seine Idee für den weltweiten Paketdienst FedEx während eines
Kurses an der Business School.

... UND ENTWICKELT WIRD

Ein „göttlicher Funke" ist wirtschaftlich gesehen vorerst nichts weiter als eine
noch wertlose Idee, mag sie auch noch so brillant sein. Bis aus der
Idee eine ausgereifte Geschäftsidee wird, muss sie in aller Regel
mit verschiedenen Parteien entwickelt und ausgearbeitet werden.

Die erste Idee muss einer Plausibilitätsprüfung unterzogen werden, das heißt, Sie
müssen ihre Marktchancen grob klären, Überlegungen zur Machbarkeit
anstellen und ihren Innovationsgehalt prüfen. (Ist die Idee wirklich
neu, hat vielleicht schon jemand anderes daran gedacht – möglicherweise schon ein Patent angemeldet?)

Wahrscheinlich tauchen jetzt eine Reihe von Fragen und erste Schwierigkeiten auf.
Sie müssen Ihre Produktidee präzisieren, verbessern, verfeinern, wie-
derum auf ihre Plausibilität prüfen: Sind die Fragen beantwortet?
Sind die Marktchancen nun besser? Und so weiter.

Diskutieren Sie Ihre Idee mit Freunden, Professoren, Experten, potenziellen Kunden: Je intensiver und breiter Sie Ihre Idee abstützen, umso klarer können Sie deren Nutzen und deren Marktchancen beschreiben. Dann sind Sie ausreichend gewappnet, um das Gespräch mit professionellen Investoren zu suchen.

Wie lange soll die Entwicklung einer Geschäftsidee dauern? Das ist sehr unterschiedlich. Weniger als vier Wochen sind angesichts der genannten Entwicklungsschritte kaum wahrscheinlich und wenig realistisch. Die Geschäftsidee für eine Produkt- oder Prozessentwicklung zum Beispiel wird erst dann finanzierungswürdig, wenn sie so weit konkretisiert ist, dass sie in absehbarer Zeit und mit überschaubarem Risiko auf den Markt gebracht werden kann. Das kann Jahre in Anspruch nehmen. Investoren sprechen von der „seed phase" – der Keimphase – einer Geschäftsidee; sie muss in der Regel mit „soft money" finanziert werden, das heißt mit Geldquellen, die noch keine harten Forderungen an den Erfolg des Geschäftes stellen.

Länger dauern kann es auch, wenn eine Idee ihrer Zeit voraus ist: Das perfekte Produkt ist zwar gefunden, aber es kann (noch) nicht umgesetzt werden, weil die Entwicklung komplementärer Technologien oder Systeme abgewartet werden muss. Ein Beispiel ist das Internet: Ideen zur Vermarktung von Dienstleistungen und Produkten waren schon früh da, die mangelnde Sicherheit verfügbarer Zahlungssysteme hat aber die kommerzielle Nutzung des Internets lange Zeit erschwert und verzögert.

Exkurs: Drei Arten, eine Geschäftsidee zu präsentieren

Eine junge Ingenieurin hat eine Idee für ein neues Produkt und stellt ihre
„Geschäftsidee" einem potenziellen Investor vor. Sie weiß, dass sie sofort
auf den Punkt kommen muss, um angehört zu werden.

Beispiel 1: Die „Verkäuferin"

„Ich habe da eine großartige Idee zu einem neuen kundenfreundlichen
Zahlungsmittel mit riesigem Potenzial; so was haben Sie sich schon immer
gewünscht; Sie werden viel Geld damit verdienen …" Und das denkt der
Investor: „Schwätzerin, habe schon Hunderte solcher Wunderideen gehört,
langweilig …"

Beispiel 2: Die „Technikerin"

„Ich habe eine Idee für eine computerisierte Maschinensteuerung. Der Clou
ist der hoch integrierte SSP-Chip mit 12 GByte RAM und die über asymme-
trische XXP-Technologie direkt gesteuerte Control Unit; habe fünf Jahre für
die Entwicklung gebraucht …" Und das denkt der Investor: „Tüftlerin, verliebt in technische Details, ihr Markt ist sie selbst …"

Beispiel 3: Die „Unternehmerin"

„Ich habe eine Idee, die Unternehmen mit bis zu 100 Mitarbeitern eine
Kostenersparnis von 3–5 % ermöglicht. Erste Preis- und Kostenanalysen
haben mich überzeugt, dass eine Marge von 40–60 % möglich sein sollte.
Mit dem Verein KMU und der Zeitschrift ABC habe ich einen fokussierten
Werbekanal, die Distribution erfolgt über Direktverkauf." Und das denkt
der Investor: „Aha, die kennt den Kundennutzen, hat ihn sogar quantifiziert! Hat sich auch Gedanken über den Markt und das Gewinnpotenzial
gemacht und weiß, wie sie das Produkt an ihre Kunden bringen will. Jetzt
würde es mich schon brennend interessieren, was das für ein Produkt ist …"

Innovative Geschäftsideen

Geschäftsideen lassen sich nach den Dimensionen Produkt/Dienstleistung und Geschäftssystem gliedern, wobei in jeder Dimension entweder auf Bestehendem aufgebaut oder etwas Neues entwickelt werden kann. Unter Geschäftssystem ist vereinfacht gesagt die Art und Weise zu verstehen, wie ein Produkt oder eine Leistung entwickelt, hergestellt und vermarktet wird. Mehr dazu lesen Sie im Teil 3, Kapitel „Geschäftssystem und Organisation".

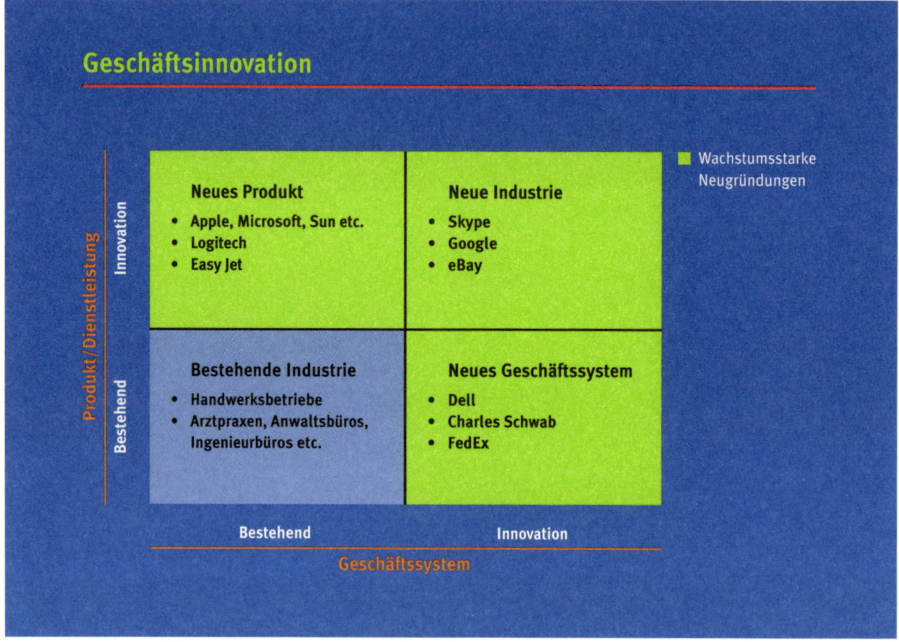

Der Begriff Innovation wird üblicherweise mit neuen Produkten in Verbindung gebracht, die mit herkömmlichen Produktionsmethoden hergestellt und über herkömmliche Vertriebskanäle zum Kunden gebracht werden. Microsoft entwickelte das neue Betriebssystem DOS und bediente sich der Verkaufsorganisation von IBM, um es auf den Markt zu bringen; Easy Jet entwickelte das neue „Produkt" Discountflugverkehr, benutzte für die Umsetzung aber die gleichen Grundelemente wie die großen internationalen Fluggesellschaften.

Innovationen im Geschäftssystem sind weniger offensichtlich, aber genauso bedeutend. Der Erfolg von Dell beruht auf signifikanten Kosteneinsparungen dank neuartigem Direktvertrieb und neuartiger Produktionsform, indem ein Computer erst nach Eingang einer Bestellung hergestellt wird, und das innert kürzester Zeit. eBay begründete mit dem Auktionsmarkt eine neue Form des Handels zwischen Privatpersonen im Internet; über die eBay-Plattform können Angebote ausgeschrieben und abgerufen werden, und der Kauf wird direkt über das Internet abgewickelt. FedEx konnte den Briefversand durch zentrale Sortierung und 24-Stunden-Betrieb revolutionieren.

Bei der Entwicklung neuer Produkte steht die Verbesserung der vielschichtigen Dimension „Kundennutzen" im Vordergrund; Innovationen im Geschäftssystem streben vor allem tiefere Kosten an, die dann zum Teil in Form tieferer Preise an die Kunden weitergegeben werden.

Eher selten gelingt es, beide Dimensionen der Innovation – Produkt und Geschäftssystem – zu verbinden und eine neue „Industrie" zu begründen. Skype wie Google zeigen, wie neue Technologien das Kommunikationsverhalten der Menschen verändern können. Angefangen mit einem ausgeklügelten Suchprogramm, dominiert Google inzwischen die kostenlosen Dienstleistungsangebote im Internet. Mit rasanter Entwicklungsgeschwindigkeit bringt Google Produktinnovationen auf den Markt, die verschiedenste Bedürfnisse der Benutzer abdecken, und gewinnt so einen großen Anteil der Webbenutzer. Das wiederum kommt den Einnahmen zugute, die durch die Online-Werbung entstehen, die präzise auf die Benutzer zugeschnitten ist. Indem Skype den Skype-Benutzern das Gratistelefonieren ermöglicht, schafft es gleichzeitig auch einen neuen „Club", eine „Skype Society", die Menschen durch die Benutzung derselben Technologie verbindet.

Wer's nicht einfach und klar sagen kann, der soll schweigen und weiterarbeiten, bis er's klar sagen kann.

Karl Popper
Philosoph

INHALT EINER ÜBERZEUGENDEN GESCHÄFTSIDEE

Die Geschäftsidee richtet sich an den Investor: Sie ist kein Werbeprospekt für ein „geniales" Produkt und keine technische Beschreibung, sondern ein Entscheidungsdokument, das drei Aspekte in den Vordergrund stellt:

Was ist der Kundennutzen, welches Problem wird gelöst? Der Schlüssel zum Markterfolg sind zufriedene Kunden, nicht großartige Produkte. Kunden kaufen sich mit ihrem hart verdienten Geld die Befriedigung eines Bedürfnisses, die Lösung eines Problems – Essen und Trinken, die Erleichterung einer Arbeit, Wohlbefinden, Selbstwertgefühl usw. Erstes Prinzip einer erfolgreichen Geschäftsidee ist somit, dass sie klar darstellt, welches Bedürfnis in welcher Form (Produkt, Dienstleistung) befriedigt werden soll. Marketingpraktiker sprechen von der „Unique Selling Proposition".

Was ist der Markt? Eine Geschäftsidee hat nur dann einen wirtschaftlichen Wert, wenn sie sich in einem „Markt" durchsetzt. Zweites Prinzip einer erfolgreichen Geschäftsidee ist somit, dass sie aufzeigt, wie groß der Markt für die angebotene Leistung insgesamt ist, für welche Zielkundengruppe(n) sie bestimmt ist und inwiefern sie sich von der Konkurrenz abhebt.

Wie ist damit Geld zu verdienen? Ein Geschäft muss längerfristig rentieren. Drittes Prinzip einer erfolgreichen Geschäftsidee ist somit, dass sie aufzeigt, wie viel Geld damit zu verdienen ist und wie (Ertragsmechanik).

Kundennutzen

Ihre Geschäftsidee muss die Lösung für ein Problem sein, das für potenzielle Kunden in einem Markt von Bedeutung ist. Viele Unternehmensgründer haben zuerst einmal ein Produkt und technische Details der Konstruktion und Herstellung vor Augen, wenn sie von einer „Lösung" sprechen. Ganz anders der Investor: Er betrachtet die Geschäftsidee zuerst einmal vom Markt – das heißt vom Kunden – her. Für ihn steht der Kundennutzen im Vordergrund; alles andere ist zu diesem Zeitpunkt zweitrangig.

Der Kundennutzen kommt immer vor dem Produkt. Worin liegt der Unterschied? Wer sagt: „Unser neues Gerät kann 200 Operationen in der Minute ausführen" oder „Unser neues Gerät besteht aus 25 % weniger Bauteilen", denkt vom Produkt her. Wer sagt: „Unser neues Gerät spart dem Kunden 25 % Zeit und damit 20 % Kosten" oder „Mit unse-rer neuen Lösung ist eine Produktionssteigerung um bis zu 50 % möglich", denkt vom Kunden her. Das Produkt ist somit Mittel zur Erfüllung des Kundennutzens, nicht der Nutzen selbst.

Der Kundennutzen eines Produkts oder einer Dienstleistung formuliert das Neue oder das Bessere im Vergleich zum Angebot der Konkurrenz oder zu alternativen Lösungen.

Er ist somit ein wesentliches Differenzierungsmerkmal – eine Kernfrage des Marketings – und entscheidend für den Markterfolg Ihrer Geschäftsidee. Versuchen Sie, wenn immer möglich, den Kundennutzen auch in Zahlen auszudrücken!

In der Marketingpraxis wird davon gesprochen, dass der Kundennutzen in einem unverwechselbaren Nutzenangebot formuliert werden muss (Unique Selling Proposition oder USP). Das bedeutet zweierlei: Erstens muss sich Ihre Geschäftsidee für den Kunden in einem Angebot (Selling Proposition) äußern, das für ihn Sinn macht. Viele Neugründungen scheitern daran, dass die Kunden die Vorzüge des Produkts nicht verstehen und es somit auch nicht kaufen – und daran sind nicht etwa die Kunden „schuld". Zweitens muss Ihr Angebot einzigartig sein (unique). Der Kunde soll sich nicht für irgendeine neue Lösung entscheiden, die auf den Markt kommt, sondern für *Ihre* Lösung. Sie müssen die Kunden also davon überzeugen, dass Ihr Angebot den höheren Nutzen oder Mehrwert bietet – nur dann werden sie Ihnen den Zuschlag geben. Der Mensch ist erfahrungsgemäß nicht ohne Weiteres von Bewährtem oder Bekanntem abzubringen. Wenn ein potenzieller Käufer sich für ein neues Produkt interessiert, wird er sich zuerst einmal am Angebot etablierter Hersteller orientieren. Das können Sie wahrscheinlich leicht an Ihrem eigenen Konsumverhalten nachprüfen.

In der Beschreibung Ihrer Geschäftsidee müssen Sie noch keine ausgereifte Unique Selling Proposition präsentieren; sie sollte jedoch für Investoren im Kern erkennbar sein. Sie werden später, wenn Sie einen Businessplan ausarbeiten, darauf zurückkommen und Ihre USP konkretisieren müssen (siehe Teil 3, Kapitel 2).

Markt

Die Überlegungen zum Markt und zur Konkurrenz setzen gewisse Marketingkenntnisse voraus. Dem ökonomisch nicht vorgebildeten Leser wird deshalb empfohlen, vorab das Kapitel „Marketing" in Teil 3 dieses Handbuches zu studieren.

Was ist der Markt für die angebotene Leistung?

Für Investoren sind vor allen Dingen zwei Aspekte des „Marktes" interessant:

◆ Wie groß ist der Markt?

◆ Welches sind die primären Zielgruppen oder Zielsegmente Ihres Angebotes?

Eine Detailanalyse des Marktes ist zum jetzigen Zeitpunkt noch nicht notwendig. Schätzungen anhand einfach zu verifizierender Grunddaten genügen, zum Beispiel Daten des Statistischen Amtes, Auskünfte von Verbänden, Artikel in Fachzeitschriften oder der Wirtschaftspresse. Die Größe des Zielmarktes soll sich aus diesen Grunddaten mit nachvollziehbaren Annahmen ableiten lassen. Es genügt, in der Geschäftsidee das Ergebnis dieser Überlegungen zusammenfassend aufzuführen.

Zielsegmente sind naturgemäß nicht einfach zu definieren und zu konkretisieren. In der Geschäftsidee genügt ein erster Anhaltspunkt, wer die Zielkunden sind. Zeigen Sie dagegen auf, warum Ihre Geschäftsidee gerade diesen Kunden den besonderen Nutzen bietet (zum Beispiel hohes Einkommen, Freude an der Technik usw.) und warum diese Gruppe wirtschaftlich für Sie besonders interessant ist. Im Beispielfall FoldCon ist die Geschäftsidee für Reedereien interessant, die den ineffizienten Transport leerer Container so weit wie möglich vermeiden möchten und mit faltbaren Containern Kosten sparen.

Wie differenziert sich das Angebot von der Konkurrenz?

Mit Konkurrenz müssen Sie immer rechnen: sei es direkt von Firmen, die ein ähnliches Produkt anbieten, oder von Ersatzprodukten (Substituten), die das Kundenbedürfnis ebenfalls erfüllen. Ein Teigwarenhersteller steht nicht nur in Konkurrenz zu anderen Teigwarenherstellern, sondern auch zu Reis- und Kartoffelproduzenten, Bäckereien usw. im engeren Sinn und zu allen Lebensmittelproduzenten im weiteren Sinn. Zeigen Sie in der Geschäftsidee, dass Sie Ihre Konkurrenz verstanden haben. Nennen Sie sie! Beschreiben Sie auch, warum und wie Sie mit Ihrer Geschäftsidee die Konkurrenz überflügeln können.

Ertragsmechanik

Die Gewinnrechnung eines Unternehmens funktioniert stark vereinfacht nach
klassischem Modell so: Auf der einen Seite kauft ein Unternehmen
Material oder Leistungen von Zulieferern ein; mit der Bezahlung der
Lieferanten entstehen Kosten. Auf der anderen Seite verkauft es
Produkte oder Leistungen an die Kunden; daraus entstehen Einnahmen. Wenn Ihre Geschäftsidee nach dieser klassischen „Ertragsmechanik" funktioniert, ist es nicht notwendig, in der Beschreibung
näher darauf einzugehen. Sie werden später, wenn Sie einen Businessplan ausarbeiten, darauf zurückkommen und im Businessplan das
„Geschäftssystem" und die Ertragsmechanik Ihres Geschäfts genauer
darstellen müssen (siehe Teil 3, Kapitel 5).

Versuchen Sie jedoch, wenn möglich die Kosten und Einnahmen grob zu schätzen.
Als Faustregel für wachstumsstarke Unternehmen gilt: Während der
Startphase sollte eine Bruttomarge (Ertrag nach Abzug der direkten
Produktkosten) von 40–50 % erwirtschaftet werden.

Oft funktioniert ein Geschäft nicht nach diesem klassischen Muster. Drei Beispiele: McDonald's verdient sein Geld mit den Lizenzgebühren der
Franchisenehmer – die Restaurantbesitzer bezahlen McDonald's für
den Namen und das Modell, wie das Restaurant geführt wird. Die
Inseratezeitschrift „Fundgrube" finanziert sich durch den Kaufpreis
der Zeitschriftenbezieher, während eine Anzeige für den Inserenten
gratis ist. Die Tageszeitung „20 Minuten" finanziert sich ausschließlich durch die Anzeigen der Inserenten, während die Ausgaben für
die Leser gratis sind. Wenn auch Ihre Geschäftsidee auf einer derarti-
gen Innovation in der Ertragsmechanik basiert, sollten Sie das bereits
in der Geschäftsidee erläutern.

PRÄSENTATION DER GESCHÄFTSIDEE

Professionelle Investoren stellen klare Minimalanforderungen an eine Geschäftsidee, bevor sie sich überhaupt näher damit befassen. Ihr Projekt steht und fällt damit, ob es diese „Killerkriterien" erfüllt. Investoren leben naturgemäß mit dem Risiko eines Verlustes, sie sind aber immer bestrebt, es so weit wie möglich zu mindern. Ein einziges Argument reicht deshalb aus, um eine Geschäftsidee nicht weiter zu verfolgen!

Eigenschaften einer aussichtsreichen Geschäftsidee:
- ◆ erfüllt ein Kundenbedürfnis – ein Problem wird gelöst;
- ◆ innovativ;
- ◆ einzigartig;
- ◆ klarer Fokus;
- ◆ längerfristig rentabel.

Wie Sie Ihre Geschäftsidee gegenüber einem Investor präsentieren, wird zum Prüfstein Ihrer bisherigen Anstrengungen. Auffallen und Interesse wecken ist entscheidend – durch Inhalt und professionelles Auftreten. Gute Venture Capitalists erhalten wöchentlich bis zu 40 Geschäftsideen vorgelegt, und ihre Zeit ist knapp.

Klarheit ist deshalb erstes Ziel. Es ist ratsam, davon auszugehen, dass Investoren die Technologie Ihres Produkts und der Fachjargon nicht geläufig sind. Investoren werden sich kaum die Zeit nehmen, einen unverständlichen Begriff oder ein Konzept nachzuschlagen. Inhaltliche und sprachliche Prägnanz ist zweites Ziel. Für Detailbeschreibungen und ausführliche Finanzrechnungen bleibt später noch genügend Zeit.

Prägnanz – auch eine Frage des Stils

Ein paar Tipps bekannter Autoren

Der leitende Grundsatz der Stilistik soll sein, dass der Mensch
nur einen Gedanken zur Zeit deutlich denken kann.

Schopenhauer

Wähle das besondere Wort, nicht das allgemeine.

Klassische Stilregel

Never use a long word where a short one will do.

George Orwell

Bevor Sie ein Adjektiv hinschreiben, kommen Sie zu
mir in den dritten Stock und fragen, ob es nötig ist.

*Georges Clemenceau, Zeitungsverleger,
zu einem jungen Journalisten*

Hauptsätze. Hauptsätze. Hauptsätze.

Kurt Tucholskys Ratschlag für Redner

Das Verbum ist das Rückgrat des Satzes.

Ludwig Reiners

Schreibe für die Ohren.

Wolf Schneider

Er sagt es klar und angenehm, was erstens,
zweitens und drittens käm.

Wilhelm Busch

Auf einen Blick – Geschäftsidee

Fragen, die Sie für Ihre Geschäftsidee beantworten sollten

1. Problemlösung – Welchem Problem stellen Sie sich mit Ihrer Geschäftsidee? Was genau ist die Innovation der Geschäftsidee? Inwiefern ist die Geschäftsidee einzigartig? Ist sie eventuell sogar patentrechtlich geschützt?

2. Markt – Wer ist der Kunde für das Produkt? Warum soll der Kunde das Produkt kaufen? Welches Bedürfnis wird erfüllt? Wie gelangt das Produkt an den Kunden?

3. Wettbewerb – Was sind die Wettbewerbsvorteile der neuen Firma, und warum kann ein Mitbewerber diese Vorteile nicht einfach kopieren? Wieso ist das Produkt besser gegenüber vergleichbaren Alternativen?

4. Ertragsmechanik – Lässt sich mit dem Produkt Geld verdienen? Was sind die Kosten und erzielbaren Preise?

Formale Präsentation der Geschäftsidee

› **Titelblatt:**
  - Bezeichnung des Produkts oder der Dienstleistung
  - Namen der Initiatoren/Unternehmer
  - Datum
  - Verweis auf Vertraulichkeit des Dokuments

› **Text:**
  - 2 bis 5 Seiten
  - Klare Struktur, optisch mit Titeln und Einzügen gegliedert

› **Charts/Bilder/Tabellen:**
  - Maximal 4 Abbildungen (als Anhang)
  - Nur wenn zum Verständnis notwendig
  - Im Text explizit darauf verweisen
  - Einfache, klare Darstellung
  - Einheitliches Format

Teil 2

FoldCon

Geschäftsidee

Stefan Bertschi

Markus Huber

Simone Meier

Jana Wehrli

6. Juni 2008

VERTRAULICH

Diese Geschäftsidee ist vertraulich. Ohne vorherige schriftliche Genehmigung der Erfinder von FoldCon dürfen weder die Geschäftsidee selbst noch einzelne Informationen aus der Beschreibung reproduziert oder an Dritte weitergegeben werden.

Geschäftsidee FoldCon

DAS PROBLEM

Die Erfindung der Seecontainer Mitte der 60er-Jahre hat im Frachttransport erhebliche Verbesserungen bewirkt (zum Beispiel sichere und einfache Abfertigung von Gütern) und den Weg für den interkontinentalen Transport geebnet. Container sind in der Schifffahrt heute das wichtigste Transportbehältnis, und auch im Landverkehr werden sie immer wichtiger.

Ein deutlicher Nachteil der Containerisierung ist, dass die Container häufig nach der Entladung an einem Ort zur Beladung an einem völlig anderen Ort benötigt werden und der Transport leerer Container (d. h. die Umfuhr von Leercontainern) unvermeidbar ist. Weltweit betrachtet, ist dies ein erhebliches Problem für die Logistikindustrie, das seine Ursache in den globalen Handelsungleichgewichten hat.

Sogar nach der Umsetzung zahlreicher moderner Optimierungsstrategien (zum Beispiel Triangulation) ist der Anteil leerer Container auf See noch groß und wird auf 21 % aller bewegten Container geschätzt (im Landverkehr ist der Anteil mit 40 % noch höher). Die Kosten dieser Ineffizienzen für die Industrie beliefen sich im Jahr 2003 für Umfuhren zwischen zwei Fahrgebieten auf 10 Milliarden USD sowie weitere 5 Milliarden USD für Umfuhren innerhalb eines Fahrgebiets.

Diese Kosten tragen vor allem die Reedereien, die im Allgemeinen für Container-Umfuhren und die damit verbundenen Kosten verantwortlich sind.

DIE LÖSUNG

Die FoldCon AG bietet eine Lösung, die über die üblichen Strategien der Reedereien zur Senkung der Kosten von Container-Umfuhren hinausgeht: Dank unserer neuen, faltbaren 20- und 40-Fuß-Containern (die zwei gebräuchlichsten Containermaße) können die Reedereien Kosten für Transport und Lagerung leerer Container sparen, da sie nur einen Sechstel der Fläche der gängigen Container in Anspruch nehmen.

Mithilfe modernster technischer Entwicklungen haben wir ein neues Konzept für Faltcontainer entwickelt. Sie werden aus einem innovativen Material gefertigt, mit dem sie das Leistungsvermögen eines Standardcontainers erreichen, und dies zu einem Preis, den die Schiffsbetreiber durch Einsparungen bei Umfuhr und Lagerung leicht wettmachen werden. Die Innovation des Konzepts der FoldCon AG besteht darin, dass Schwachstellen der bisher angebotenen vergleichbaren Faltmodelle behoben wurden und es den Ansprüchen der Branche an Standardcontainer gerecht wird:

- Schnelles Zusammen- und Auseinanderfalten des Containers (in zwei Minuten) ohne zusätzliche Personen.

- Anschaffungskosten, die deutlich unter denjenigen vergleichbarer bisheriger Lösungen liegen.

- Total Cost of Ownership für die Faltcontainer liegen erheblich unter jenen von Standardcontainern (aufgrund der Einsparungen bei der Umfuhr der Leercontainer).

- Ein mit Standardcontainern vergleichbares Leistungsvermögen (Lebensdauer, Widerstandsfähigkeit, Maximalgewicht der Ladung, Eigengewicht des Containers).

DER MARKT

Die Container-Transportindustrie deckt einen großen Teil der physischen Lieferketten ab und involviert eine Vielzahl verschiedener Akteure entlang der Wertschöpfungskette.

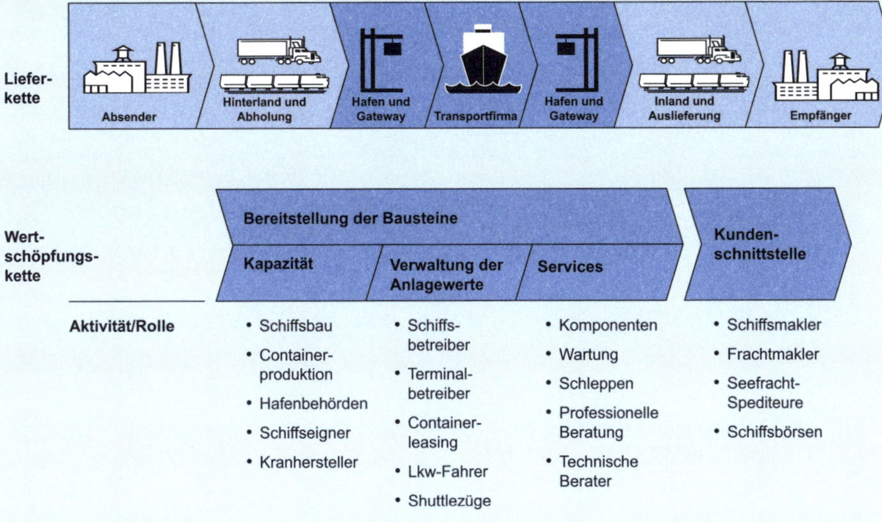

Der Gesamtmarkt kann nach der Art des Transports und der jeweiligen Betreiber gegliedert werden:

- Transportunternehmen (zum Beispiel Schiffsbetreiber),
- Leasingfirmen,
- Frachteigner.

Wir werden uns auf Schiffsbetreiber konzentrieren, weil hier der größte Markt für Container liegt und der Schiffsverkehr die stärksten Handelsungleichgewichte (in absoluten Zahlen) zu bewältigen hat. Der Containertransport zur See umfasst ein jährliches Volumen von schätzungsweise 115 Mio. TEU[1] (2006). Die Containerfracht-Beförderungsindustrie setzt jährlich rund 100 Milliarden EUR um, wobei 61 % der Transportkapazität von 20 Anbietern kontrolliert werden.

Die jährlichen Containertransporte im Umfang von 115 Mio. TEU erfolgen hauptsächlich mit 20- und 40-Fuß-Containern. In 20-Fuß-Containern werden Schätzungen zufolge 25 % des Volumens bewegt und in 40-Fuß-Containern etwa 75 %. Gegenwärtig sind 5 Mio. 20-Fuß-Container und 7,5 Mio. 40-Fuß-Container in Gebrauch, die pro Jahr sechs bis zehn Fahrten zurücklegen und eine durchschnittliche Lebensdauer von acht Jahren haben.

Mechanismen der Umsatzgenerierung

Wie heute in der Industrie üblich, werden die Container entweder an Schiffsbetreiber verkauft oder von diesen geleast:

Leasing: Die Faltcontainer werden in erster Linie den größten Reedereien zum Leasing angeboten, damit diese die hohen Anschaffungskosten umgehen, einen stabilen Cashflow erwirtschaften und die Container regelmäßig durch neuere Modelle ersetzen oder beschädigte gegen unbeschädigte Container austauschen können.

Verkauf: Die Faltcontainer werden direkt an Reedereien verkauft.

---

1   TEU steht in der Logistikindustrie für das Fassungsvermögen eines 20-Fuß-Containers (Twenty Foot Equivalent Unit)

Ausarbeitung des Businessplans

Writing a business plan forces you into disciplined thinking if you do an intellectually honest job. An idea may sound great in your own mind, but when you put down the details and numbers, it may fall apart.

Eugene Kleiner
Venture Capitalist

Ausarbeitung des Businessplans

Mit Ihrer Geschäftsidee haben Sie eine erste wichtige Etappe auf dem Weg zur Firmengründung zurückgelegt. Sie haben einen klaren Kundennutzen Ihres Produktes oder Ihrer Dienstleistung formuliert und mit ersten Marktabklärungen die Zuversicht erhalten, dass es für Ihre Geschäftsidee einen Markt gibt und dass ein erfolgreicher Markteinstieg und rasches Wachstum möglich sind. Vielleicht haben Sie auch bereits einen Investor davon überzeugt und als Partner für die weiteren Entwicklungsarbeiten gewonnen. Bis zum positiven Finanzierungsentscheid bleibt aber noch viel zu tun. Mit dem Konzept des Businessplans haben Sie ein Werkzeug zur Hand, das Ihnen erlaubt, Ihre Geschäftsidee systematisch und präsentationsreif weiter auszuarbeiten.

Gliederung des Businessplans Gliedern Sie Ihren Businessplan analog zum Aufbau von Teil 3 dieses Handbuches. Der Beispielfall FoldCon zeigt jeweils am Ende eines Kapitels eine mögliche, praxisgerechte Umsetzung und Darstellung. Der Fall SnowTrack ab Seite 177 zeigt einen vollständigen Businessplan im Gesamtüberblick.

Inhaltliche Erarbeitung des Businessplans Die Reihenfolge der Kapitel Ihres fertigen Businessplans ist nicht notwendigerweise auch die Reihenfolge, in der Sie die einzelnen Aspekte bearbeiten, Nachforschungen anstellen oder die Kapitel schreiben werden. Zum Beispiel erscheint im Businessplan das *Executive Summary* zuerst, gewöhnlich wird es aber als Zusammenfassung zuletzt verfasst.

Ihr Businessplan soll klar und prägnant Auskunft über alle wesentlichen Aspekte des zu gründenden Unternehmens geben. Dazu gehören sowohl praktische Fragen der Gründung, des Betriebs und der Führung als auch betriebswirtschaftliche Analysen zu Kosten, Umsatz, Rentabilität und Wachstumsaussichten des Unternehmens. Diese Überlegungen und Abklärungen werden zeigen, ob Ihre Geschäftsidee einer näheren Betrachtung standhält und wo Sie allenfalls Modifikationen vornehmen oder gar umdenken müssen. Der professionelle Investor wird das Unternehmerteam als Coach, Mentor und Beteiligter begleiten und übernimmt damit eine wesentliche Aufgabe bei der Unternehmensgründung.

Beginnen Sie mit der Beschreibung Ihres Produktes oder Ihrer Dienstleistung. Fahren Sie dann mit der Markt- und Konkurrenzanalyse fort, weil Marktinformationen auch für andere Aspekte zentral sind (zum Beispiel Umsatzprognose). Vervollständigen Sie jeweils ein Kapitel so weit wie möglich. Die Checklisten am Schluss jedes Kapitels dieses Handbuches helfen Ihnen, dass nichts vergessen wird. Weil die Elemente eines Businessplans inhaltlich eng miteinander verknüpft sind, haben neue Erkenntnisse in einem Element Rückwirkungen auf die anderen Elemente. Prüfen Sie deshalb die einzelnen Kapitel immer wieder auf ihre Konsistenz und stimmen Sie Änderungen mit den anderen Kapiteln ab. Besonders stark wirken sich inhaltliche Änderungen auf den Finanzplan aus, da er letztlich sämtliche Aspekte des künftigen Unternehmens widerspiegelt. Zusätzlich empfiehlt es sich, den Businessplan oder Teile davon mit Fachleuten wie Unternehmern, Venture Capitalists, Experten, Professoren oder Anwälten zu besprechen.

Mehr als bisher sind Sie in dieser Phase auf ökonomische Grundkenntnisse angewiesen. Leser ohne betriebswirtschaftliche Vorbildung finden in den folgenden Kapiteln das nötige Grundwissen – so aufgearbeitet und konzentriert, dass es ihnen hilft, die richtigen Überlegungen anzustellen und ein kompetenter Gesprächspartner zu sein. Für Leser mit betriebswirtschaftlicher Vorbildung können die Ausführungen als Leitfaden dazu dienen, welche Fragen bei der Gründung eines Wachstumsunternehmens zu beachten sind.

Formale Gestaltung des Businessplans

Ein professioneller Businessplan ist:

aussagekräftig Der Businessplan enthält alles, was ein Investor wissen muss, damit er das Vorhaben finanziert – nicht mehr und nicht weniger.

strukturiert Der Businessplan ist klar gegliedert (vgl. Kapitelgliederung von Teil 3 dieses Handbuches und Beispiel-Businessplan).

verständlich Die Texte sind in klarer Sprache verfasst und auf den Punkt gebracht: knappe Formulierungen, kein Jargon, keine Abschweifungen.

kurz Der Plan, inklusive Anhang, umfasst maximal 30 Seiten.

leserfreundlich Die Schriftgröße ist mindestens 11 Punkt, der Zeilenabstand $1^1/_2$, der Rand mindestens 2,5 cm.

ansprechend Die Charts und Tabellen sind einfach und übersichtlich; keine „Farbshows" und grafischen Spielereien.

A good Executive Summary gives me a sense of why this is an interesting venture. I look for a very clear statement of the long-term mission, an overview of the people, the technology, and the fit to market.

Ann Winblad
Venture Capitalist

1. Executive Summary

Die Zusammenfassung dient dem schnellen Überblick und vermittelt in geraffter Form alles, was ein Leser unter Zeitdruck über Ihren Businessplan wissen muss. Die Forderung nach Verständlichkeit und Übersichtlichkeit hat hier besondere Relevanz. Die Zusammenfassung ist sozusagen die Strichzeichnung, der Businessplan das vollständige Bild Ihres Projektes. Dennoch lässt sie alle wesentlichen Züge des Gesamtbildes erkennen. Die weiteren Kapitel des Businessplans erweitern die Aussagen der Zusammenfassung, bringen sachliche Erläuterungen, detailliertere Ausführungen – sie enthalten jedoch keine Überraschungen in Form völlig neuer Aussagen oder Konzepte.

Eine kurze, prägnante Darstellung eines Businessplans auf zwei Seiten zu verfassen, ist meist schwieriger und aufwendiger als eine Beschreibung auf zwanzig Seiten. Die Synthese erfordert nochmals einige Denkarbeit. Nehmen Sie sich deshalb gebührend Zeit dafür. Und denken Sie an den Leser: Sorgen Sie für eine klare Gliederung – sie hilft dem Verständnis. Sorgen Sie für eine schnörkellose Sprache – sie erleichtert das rasche Lesen. Sorgen Sie für eine saubere Darstellung – sie verleitet zum Weiterlesen. Denn weiterlesen sollen Investoren ja: Bevor sie sich endgültig dazu entscheiden, Ihre Geschäftsgründung zu finanzieren, werden sie es genauer wissen wollen und nachprüfen, ob Ihr Plan auch der kritischen Prüfung des Marktes standhalten kann.

Schließlich hat das Erstellen der Zusammenfassung auch für Sie selbst einen Zusatznutzen, denn als Destillat Ihrer Erkenntnisse kann sie als Basis für eine pointierte Kommunikation – eine mündliche Kurzpräsentation zum Beispiel – dienen: In zwei Minuten ist alles Wesentliche gesagt!

Nichts auf der Welt
ist so mächtig
wie eine Idee, deren
Zeit gekommen ist.

Victor Hugo
Schriftsteller

Executive Summary

Ziel des Unternehmens

Die FoldCon AG hat einen revolutionären Container entwickelt und patentiert, der im Leerzustand für Lager- und Transportzwecke zusammengefaltet werden kann. Ziel ist, diese Erfindung wirtschaftlich zu nutzen.

Hintergrund: höhere Transportvolumen

Das Container-Transportwesen ist kontinuierlich gewachsen und wird auch in Zukunft jährlich um 8 % zulegen.[2] Somit müssen sich die Transporteure mit dem Thema Leercontainer befassen:

- Steigende Handelsvolumen belasten die Schiffsbetreiber mit zusätzlichen Container-Umfuhren (aktuell sind 21 % der Container auf See leer).
- Aufgrund höherer Ölkosten steigen die Transportkosten, sodass Reeder Strategien zur Reduzierung der Anzahl der Fahrten entwickeln müssen.
- In den Häfen werden die Lager infolge Platzverknappung immer teurer.

Problem: Mit Standardcontainern sind kaum weitere Einsparungen zu erzielen

Bisher haben die Reedereien die Kosten der Bewegung leerer Container mit Optimierungsstrategien gesenkt. Diese fokussierten auf die Maximierung der Auslastung, die Optimierung der Routen, die Reduzierung der Abwicklungszeiten und die gemeinsame Nutzung von Containern.

Mit Standardcontainern besteht daher nur noch wenig Einsparpotenzial. Da Lagerung und Umfuhr von Leercontainern nicht vollkommen vermieden werden können, ist einer der nächsten Schritte der Optimierungsbestrebungen, Container zu entwerfen, die leer ein geringeres Lager- und Transportvolumen aufweisen.

Produkt: Sechs gestapelte Faltcontainer benötigen die Fläche eines einzigen Standardcontainers

Die FoldCon AG hat einen revolutionären Container entwickelt und patentieren lassen, der zu Lager- und Transportzwecken zusammengefaltet werden kann. Die Hauptaspekte dieses Containers sind eine innovative Falttechnik und die Verwendung eines neuen Materials.

---

2   WTO, Global Insight

Dieses neue Konzept hat die Schwachstellen bisheriger Falt-Lösungen überwunden und erfüllt alle Anforderungen der Industrie an Standard-20-Fuß-Container und künftig auch an 40-Fuß-Container. Mit unseren innovativen Faltcontainern werden Reedereien dank geringerer Transport- und Lagerkosten erhebliche Einsparungen erzielen.

Firma und Unternehmerteam: erfahrenes und motiviertes Team

Das Führungsteam besteht aus vier Personen mit ausgezeichneten Qualifikationen und wertvollen Erfahrungen in Marketing, Vertrieb und Logistik.

Zwei Teammitglieder verfügen über umfassende Erfahrung in Marketing und Vertrieb bei Großunternehmen, und zwei sind Logistikexperten, die für die Entwicklung des neuartigen Konzepts verantwortlich sind.

Geschäftssystem: Konzentration auf Produktstärken

Ziel ist, mithilfe der viel geringeren Betriebskosten gegenüber Standardcontainern eine Nische für Faltcontainer auszubauen. Wir konzentrieren uns zunächst auf zwei bis drei Großreedereien, die viele Leercontainer in teuren Häfen lagern und einen hohen Bedarf an Umfuhren haben. Sobald sich das Produkt bewährt hat, werden wir in der gesamten Branche für unseren Container werben. Weitere Expansionsmöglichkeiten bieten sich bei Schienen- und Landtransporten.

Finanzierung: IRR Von 41 % für Investoren der ersten Runde

Gemäß Prognosen wird die FoldCon AG im fünften Jahr einen Umsatz von 285 Mio. EUR erzielen, mit einem EBIT (Betriebsgewinn) von 13 Mio. EUR. Die Gründer haben das Gründungskapital (0,5 Mio. EUR) für die Entwicklung des Faltcontainer-Konzepts und den Aufbau der Firma bereitgestellt.

Die FoldCon AG sucht Investoren, die den Logistiksektor kennen und das Team beim Firmenaufbau unterstützen. In der ersten Finanzierungsrunde wird die FoldCon AG eine Beteiligung von 60 % (dies entspricht einem effektiven Anteil von 45 % nach der zweiten Finanzierungsrunde) für 4,5 Mio. EUR anbieten. Weitere 5,5 Mio. EUR werden ein Jahr später benötigt. Dafür erhalten die Investoren der zweiten Runde einen Anteil von 25 %. Wir erwarten einen Börsengang oder einen Verkauf ab dem fünften Betriebsjahr, wenn das Unternehmen einen Reingewinn von 7,8 Mio. EUR erreicht hat. Nach unserer Bewertung der Firma im fünften Jahr beträgt die IRR für die Investoren der ersten Runde 41 %.

Teil 3

2. Produkt/Dienstleistung

Sinn und Zweck jedes neu gegründeten Unternehmens ist, eine Lösung anzubieten für ein im Markt – bei potenziellen Kunden – vorhandenes Problem. Der Businessplan beginnt somit mit der Schilderung des Problems und der vorgeschlagenen Lösung. Bereits im Vorfeld des Businessplans haben Sie in der Beschreibung Ihrer Geschäftsidee wesentliche Grundlagen Ihres zukünftigen Unternehmens grob dargestellt: Kundennutzen, Markt und Ertragsmechanik. Im Businessplan müssen Sie diese Grundlagen konkretisieren und ausführlicher darstellen: Was macht Ihre Idee zu einem unwiderstehlichen Marktangebot? Sie müssen dazu weiter ausholen und Ihre Geschäftsidee vermehrt von der praktischen Seite her betrachten. Ihre Ausführungen sollten allgemein verständlich sein; verwenden Sie deshalb auch einfache Diagramme, ein Modell oder Bilder. Sparen Sie sich technische Details – diese werden den Entscheid von Investoren kaum positiv beeinflussen.

In diesem Kapitel erfahren Sie,
- wie Sie Ihre Geschäftsidee unwiderstehlich machen;
- wie Sie Ihre Geschäftsidee schützen;
- wie Sie Ihre Idee Schritt für Schritt in ein ausgereiftes Konzept umsetzen.

We keep moving forward, opening new doors, and doing new things, because we're curious and curiosity keeps leading us down new paths.

Walt Disney
Unternehmer

DIE UNWIDERSTEHLICHE GESCHÄFTSIDEE

Wie wird aus Ihrer Geschäftsidee eine „killer idea" – ein Angebot, das sich im Markt unwiderstehlich durchsetzt? Eine erste Voraussetzung ist bereits geschaffen: In der Geschäftsidee haben Sie das Innovative skizziert und im Kern bereits auch die Unique Selling Proposition herausgearbeitet. Es geht nun darum, das Verkaufsangebot in Form eines erkennbaren und überzeugenden Kundennutzens auszugestalten und seine Einzigartigkeit weiter zu konkretisieren. Der Kundennutzen kann zum Beispiel durch weitere Anstrengungen in der Produkt- oder Prozessentwicklung verbessert werden. Die Einzigartigkeit lässt sich so etwa durch Patente rechtlich auf Jahre hinaus schützen oder durch Exklusivverträge mit „strategischen" Partnern absichern.

Der Beispiel-Businessplan FoldCon zeigt exemplarisch, wie im Businessplan Problem und Lösung gegenüber der Geschäftsidee weiter vertieft und konkretisiert werden können.

SCHUTZ DER GESCHÄFTSIDEE

Nur die allerwenigsten Ideen sind einzigartige „göttliche Funken". Die wirklich schlagkräftigen Ideen sind das Ergebnis harter Arbeit und nicht einfach kopierbar. Letztlich muss ein Mittelweg gefunden werden, der die Idee genügend schützt, aber den Meinungsaustausch zulässt.

Patentierung

Vor allem bei neuen Produkten oder Prozessen ist eine frühzeitige Patentierung ratsam. Ziehen Sie dazu erfahrene Patentanwälte hinzu: Der zukünftige Erfolg Ihres Unternehmens kann vom Patentschutz abhängen, und natürlich gibt es in allen Industrien finanzkräftige Wettbewerber, die ein ungeliebtes Patent mit großem Geschütz zu Fall bringen möchten. Immerhin ist Vorsicht geboten: Eine Patentierung kann das Ziel des Ideenschutzes auch verfehlen, da die Patentierung eine Idee öffentlich macht. Dies ist vor allem dann wichtig, wenn das Patent mit wenig Aufwand verbessert und umgangen werden kann. So wurde zum Beispiel die Formel für Coca-Cola nie patentiert, weil ein Patent mit wenigen geschmacksneutralen Rezeptänderungen umgangen werden könnte.

Vertraulichkeitserklärung

Anwälte, Treuhänder und Bankangestellte sind von Gesetzes wegen zu Vertraulichkeit verpflichtet. Auch gute Venture Capitalists haben alles Interesse daran, die Vertraulichkeit Ihrer Ideen zu wahren – wer in den Ruf kommt, Ideen zu stehlen, wird schwerlich neue Ideen zu Gesicht bekommen. Ähnliches gilt auch für den professionellen Berater. Dennoch kann eine Vertraulichkeitserklärung im einen oder andern Fall nützlich sein, wenn Sie sich über deren Grenzen im Klaren sind: Auch wenn Sie eine Vertraulichkeitserklärung in den Händen haben, ist ein allfälliger Verstoß vor Gericht meist nur schwer zu beweisen. Lassen Sie sie auf jeden Fall von einem guten Anwalt ausarbeiten. Der generell bessere Weg ist, sich vorab über allfällige Gesprächspartner zu informieren und ihren Ruf abzuklären, bevor man mit ihnen über die Geschäftsidee spricht.

Rasche Umsetzung

Wahrscheinlich der beste Schutz vor Ideenraub ist, ein Vorhaben rasch umzusetzen. Zwischen Idee und erfolgreichem Geschäft liegt ein Riesenaufwand. Dieser Aufwand – eine sogenannte Eintrittsbarriere – kann potenzielle Kopierer abschrecken. Denn am Ende gewinnt der schnellere Läufer und nicht der mit den besseren Schuhen!

Auf einen Blick – Produkt/Dienstleistung

Fragen, die Sie für dieses Kapitel bearbeiten sollten

1. **Problemlösung** – Welche Probleme lösen Sie mit Ihrer Idee? Welches Kundenbedürfnis wird erfüllt? Welchen (quantifizierten) Kundennutzen erzielen Sie?

2. **Angebot** – Was für ein Produkt oder was für eine Dienstleistung wollen Sie verkaufen? Wie sieht Ihr Angebot konkret aus? Worin liegt die Innovation? Was sind die Anwendungsmöglichkeiten?

3. **Entwicklungsstand** – Auf welchem Entwicklungsstand befindet sich Ihr Produkt oder Ihre Dienstleistung? Wann wird die Marktreife erreicht sein?

4. **Lebenszyklus** – Wie lange hat Ihr Angebot gute Absatzchancen auf dem Markt? Welche Entwicklungsschritte planen Sie? Wie wird das Produkt oder die Dienstleistung weiterentwickelt (Folgeprodukte oder Erweiterungen)? Wie hoch waren die bisherigen Entwicklungskosten?

5. **Nachahmung** – Inwiefern ist die Einzigartigkeit der Idee gegeben? Wie schützen Sie diese (Innovation, Patente, Geheimhaltung, Exklusivverträge)?

6. **Recht** – Wem gehören Konzept, Materialien, Marketingrechte usw.? Ist Ihr Produkt oder Ihre Dienstleistung vom Gesetzgeber zugelassen?

Informationsquellen

Neue nützliche Erkenntnisse gewinnen Sie vor allem, wenn Sie mit den Leuten sprechen, die später mit Ihrem Angebot in Kontakt kommen werden:

> Kunden und Lieferanten
> Verkäufer oder Zwischenhändler
> Technologiesachverständige/Produktentwickler
> Anwälte, Treuhänder und Bankiers

Mögliche Gliederung im Businessplan

> Problemstellung im aktuellen Kontext
> Beschreibung des Produkts oder der Dienstleistung
> Entwicklungsstand
> Weiterentwicklung

Produkt

Ausgangslage – Trends und Marktkräfte

Mit der Einführung der Seecontainer in den 60er-Jahren sind enorme Effizienzsteigerungen im Gütertransport erreicht worden. Ein immer wichtiger Nachteil der Containerisierung ist jedoch, dass die Container häufig nach der Entladung an einem Ort zur Beladung an einem völlig anderen Ort benötigt werden und daher der Transport leerer Container unvermeidbar ist. Weltweit stellen die Ungleichgewichte im Containerhandel ein großes und schwer lösbares Problem dar, weil sie umfangreiche Bewegungen leerer Container erfordern. Detaillierte Statistiken zu den Leerfahrten sind nicht verfügbar, weil die Unternehmen diese Daten als vertraulich betrachten. Grobe Schätzungen gehen jedoch davon aus, dass der Anteil leerer Container auf See 21 % aller transportierten Container beträgt.[3] Für Transporte auf dem Landweg wird sogar ein noch höherer Anteil geschätzt (etwa 40 %). Die Kosten dieser Ineffizienzen für die Industrie beliefen sich im Jahr 2003 für Umfuhren zwischen zwei Fahrgebieten auf 10 Milliarden USD sowie weitere 5 Milliarden USD für Umfuhren innerhalb eines Fahrgebiets.

Es überrascht daher nicht, dass die Reedereien ihre Umfuhrkosten senken wollen.

Faltcontainer – das Produkt

Die FoldCon AG hat einen revolutionären Container entwickelt und patentieren lassen, der im Leerzustand zu Lager- oder Transportzwecken zusammengefaltet werden kann.

Seitenwände und Dach des Containers sind innen an Schienen angebracht, sodass sie horizontal am Boden des Containers bewegt werden können. Dies erfordert keine weiteren Mitarbeitenden. Eine notwendige Vorrichtung für das Falten wird fest am Transportkran montiert. Diese drückt auf vier Schlüsselpunkte, die den Sperrmechanismus für Seitenwände und Dach lösen und ein Zusammenfalten des Containers innerhalb von zwei Minuten ermöglichen. Dasselbe gilt für das Auseinanderfalten: Die Vorrichtung hält den Container an den vier Schlüsselpunkten, die angehoben werden müssen, damit sich dieser auseinanderfaltet und die Seitenwände und das Dach automatisch an ihren Positionen einrasten.

Um die typischen Schwachstellen eines Faltcontainers, wie das höhere Gewicht und die geringere Stabilität, zu beheben, haben wir einen neuen Verbundwerkstoff entwickelt. Dieses Material ist etwas teurer als die für die Standardcontainer verwendeten Stahlplatten, dafür

---

3 Drewry Shipping Consultants

aber stärker und leichter. Unser Faltcontainer garantiert dasselbe Leistungsvermögen wie ein Standardcontainer:

- Maximallast von 24 Tonnen (ISO-Standard pro TEU);
- Container-Leergewicht von 2 Tonnen (ISO-Standard pro TEU);
- Wasserdichtigkeit;
- gleiche Widerstandsfähigkeit wie ein Standardcontainer;
- gleiche Lebensdauer wie ein Standardcontainer.

Entwicklungsstand

Wir haben zurzeit sechs 20-Fuß-Faltcontainer produziert, die wir gegenwärtig mit echten Ladungen testen. Mit diesen Tests wollen wir ein mögliches Verbesserungspotenzial der Container aufdecken, bevor diese in die Massenproduktion gehen. Die Tests sind bis anhin äußerst positiv verlaufen.

Künftige Entwicklung

In den ersten zwei Jahren wird der Schwerpunkt auf der Vermarktung der 20-Fuß-Faltcontainer liegen. Ab dem dritten Jahr werden wir darüber hinaus 40-Fuß-Container pilotieren und vermarkten (erste Entwürfe dafür sind bereits entwickelt worden).
Unser Team wird das Design nach der Produktionsaufnahme zudem noch verfeinern, um die Produktqualität weiter zu steigern und die Produktionskosten weiter zu senken.

Teil 3

3. Unternehmerteam

Die Gründung eines wachstumsstarken Unternehmens ist ein äußerst anspruchsvolles Vorhaben. Der Erfolg muss Schritt für Schritt erarbeitet, oft erkämpft werden. Neben der richtigen Idee, dem passenden Umfeld und der Unterstützung durch verschiedenste Partner braucht es die unermüdlich treibende Kraft des Unternehmerteams. Letztlich wird die Ausführung des Businessplans über Erfolg und Misserfolg entscheiden – und diese liegt ganz und gar in den Händen des Unternehmerteams.

Für professionelle Investoren ist das Unternehmerteam deshalb das kritische Element einer Firmengründung – dies erklärt auch die prominente Position des Kapitels im Businessplan.

In diesem Kapitel erfahren Sie,
- warum das Unternehmerteam für den Start-up so wichtig ist und was es auszeichnet;
- wie Sie ein Dream-Team aufbauen;
- wie Sie Ihr Unternehmerteam vorstellen.

Teams outperform individuals, especially when performance requires multiple skills, judgments, and experiences.

Jon R. Katzenbach
Unternehmensberater

Ein Team ist aus drei Gründen für einen Start-up eminent wichtig:

- Es gibt viel zu tun – die notwendige Arbeitsteilung ist nur in einem Team möglich, in dem komplementäre Fähigkeiten zusammenkommen.
- Es gibt viele für die Beteiligten neuartige Probleme zu lösen – ein gut funktionierendes Team, richtig eingesetzt, findet die besten Lösungen.
- Externe Geldgeber investieren vor allem in das Team – letztlich sind es die Menschen hinter der Idee, die für den Erfolg garantieren.

Für den Investor ist von zentraler Bedeutung, dass das Team uneingeschränktes Engagement zeigt, dass die einzelnen Mitglieder voll hinter dem Vorhaben stehen. Zeigen Sie, dass das Team bei der Umsetzung der Geschäftsidee keine Hindernisse scheut.

Das Team:
Arbeitsteilung dank komplementärer Fähigkeiten

Der Aufbau einer Firma ist eine Aufgabe, die vielfältige Talente verlangt. Talente, die kaum je in einer einzigen Person vereint sind. Und da die Idee für die aufzubauende Firma meist neu ist, gibt es auch keine Standardrezepte für die Lösung der anstehenden Probleme. Eine Gruppe von Menschen mit sich ergänzenden Fähigkeiten löst Probleme prinzipiell besser, als ein Einzelner es je könnte.

Allein durch die Tatsache, dass ein Team am Werk ist, können typische Fehler vieler Start-ups eher vermieden werden. Zum Beispiel:

- Das Sich-Verrennen: Kurskorrekturen sind bei jedem Geschäftsaufbau nötig. Oft gibt es dabei Widerstand des Firmengründers, aus der Angst heraus, sein Geschäftskonzept könnte verwässert werden. In einem Team wird Kritik aus lauteren Beweggründen vorgebracht.
- Qualitätsmängel in der Kommunikation: Präsentationen können vor kritischem Publikum geübt werden, peinliche Fehler oder Fehleinschätzungen sind dadurch vermeidbar.

◆ Aus Fehlern lernen: Ein schlecht verlaufenes Verkaufsgespräch kann im Team besser analysiert werden. Lag es an der Botschaft? An den Personen? Am Auftreten? Lohnt es sich, nochmals hinzugehen?

◆ Mangelnde Erreichbarkeit: Abwesenheit nehmen die Kunden als Hinweis dafür, dass Sie noch nicht bereit sind, Aufträge professionell abzuwickeln.

In einem Start-up werden Informationen oft im Bekanntenkreis zusammengesucht, weil Geld für professionelle Beratung fehlt. Ein Team hat naturgemäß einen größeren Bekanntenkreis als eine einzelne Person.

Das Team:
Bei richtigem Einsatz überragende Leistung

Team ist nicht gleich Team – oft ist ein sogenanntes Team eine reine „Arbeitsgruppe". Worin liegt der Unterschied? Eine Arbeitsgruppe fasst die Einzelleistungen der Mitglieder zusammen, ihre Gesamtleistung entspricht der Summe der einzelnen Beiträge. Ein Team dagegen erzielt immer ein Gesamtergebnis, das mehr ist als die Summe der Einzelleistungen – allerdings nur, wenn es richtig zusammengesetzt ist und die richtige Arbeitsweise findet.

Trotz der eigentlich offensichtlichen Erkenntnis, dass Teams zu überragenden Leistungen fähig sind, wird in der Praxis immer wieder die Chance verpasst, ein Team richtig zu bilden und einzusetzen. Zwei Gründe dürften dabei mitspielen: Zum einen sind viele Menschen zur Einzelleistung hin erzogen worden. Schulnoten zum Beispiel werden nach wie vor für Einzelleistungen vergeben, und vielen erscheint es riskant, sich als Team messen zu lassen. Zum andern haben viele Menschen schon schlechte Erfahrungen mit Teams gemacht, zum Beispiel, wenn sie nur um des Teams willen in einem Team mitgewirkt haben (was letztlich einer Zeitverschwendung ohne Ergebnis gleichkommt) oder wenn sie Mitglied einer Gruppe waren, die von einer Person dominiert wurde.

Sie erhöhen die Erfolgschancen Ihres Gründungsvorhabens erheblich, wenn Sie dafür sorgen, dass Sie und Ihre Mitgründer als echtes Team ans Werk gehen. Beachten Sie dabei die Grundregeln und Merkmale des echten Teams:

Merkmale des schlagkräftigen Unternehmerteams

> Komplementäre Eigenschaften und Stärken.
> Gemeinsame Vision – alle wollen den Erfolg.
> Mindestens drei, selten mehr als sechs Personen.
> Flexibilität bei Schwierigkeiten.
> Miteinander verschweißt – auch in schwierigen Situationen.
> Gibt bei Rückschlägen nicht auf, sondern formiert sich neu,
> um die Hürde im zweiten oder dritten Anlauf zu nehmen.

Das Team:
Im Blickpunkt des Investors

Investoren lassen sich weit mehr von den Menschen beeindrucken, die hinter einer
Idee stecken, als von der Idee selbst. Persönlichkeit, Sach- und
Sozialkompetenz sowie Engagement des Initiatoren und seines Teams
bestimmen bis zu 80 % den Entscheid des Investors für oder gegen
ein Projekt. Deshalb sind gerade in der Anfangsphase positive Signale
des Teams entscheidend: Einer, der nicht früh eine Gruppe Menschen
dafür begeistern kann, sich für eine Idee einzusetzen, hat vielleicht
auch später Mühe, Kunden für seine Idee zu begeistern. Jemand, der
nicht die Sozialkompetenz besitzt, Mitarbeitern über die Unsicherheit
der Startphase hinwegzuhelfen, wird später vielleicht Schwierigkeiten haben, ein größeres Unternehmen zu führen.

VOM GRÜNDERTEAM ZUM DREAM-TEAM

Um „blinde Stellen" in der Geschäftsentwicklung zu vermeiden, sollte Ihr Team die
wichtigsten Fähigkeiten vereinen, die innerhalb der Firma zusammenkommen müssen. Einen vollständigen Überblick über die
benötigten Fähigkeiten erhalten Sie zum Beispiel, wenn Sie die
Organisation und das Geschäftssystem (siehe Kapitel 5) Schritt für

Schritt durchgehen. Die genaue Anforderungsliste wird natürlich von Unternehmen zu Unternehmen unterschiedlich ausfallen. Typische Qualitäten sind neben Fachkompetenz auch „weichere" Elemente wie Kommunikationsfähigkeit, Akzeptanz in der Fachwelt oder bei den potenziellen Kunden aufgrund der Erfahrung.

Wo steht Ihr aktuelles Team angesichts dieser Anforderungen? Wie weit ist Ihr Gründerteam noch entfernt vom Dream-Team, das sämtliche Anforderungen erfüllt? Diese Frage können Sie mit einem Raster beantworten, in dem Sie die zu erfüllenden Aufgaben und die vorhandenen Fähigkeiten einander gegenüberstellen (siehe Abbildung). So lässt sich nicht nur die Kompetenz der Beteiligten voll ausschöpfen, sondern es kommen auch Kompetenzlücken zum Vorschein. Seien Sie in dieser Beurteilung offen und ehrlich: Das Eingeständnis, dass es da und dort noch Lücken gibt, ist keine Schande, sondern ein konstruktiver Schritt auf dem Weg zum Dream-Team.

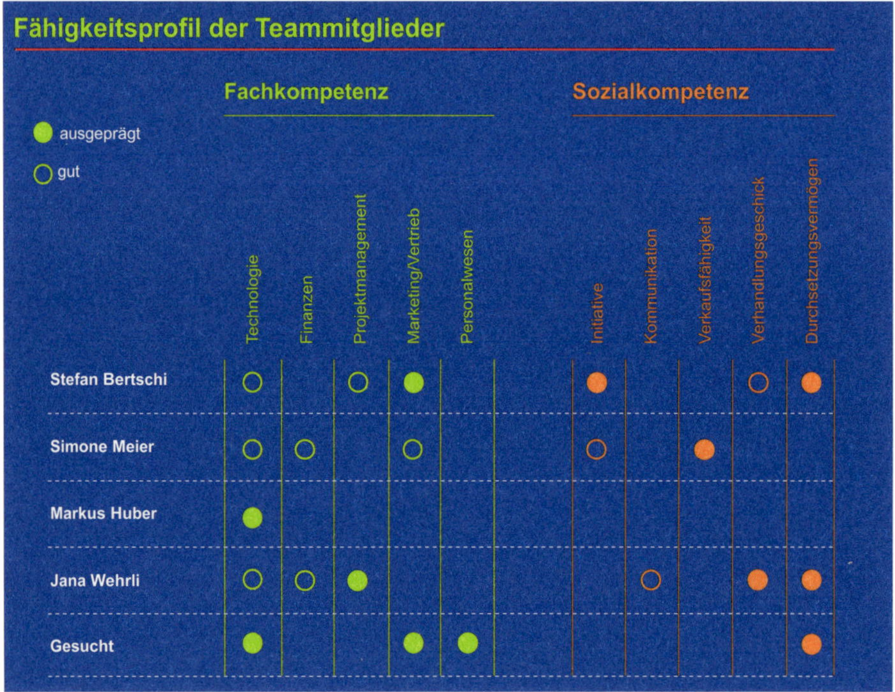

	Technologie	Finanzen	Projektmanagement	Marketing/Vertrieb	Personalwesen	Initiative	Kommunikation	Verkaufsfähigkeit	Verhandlungsgeschick	Durchsetzungsvermögen
Stefan Bertschi	○		○	●		●			○	●
Simone Meier	○	○		○		○		●		
Markus Huber	●									
Jana Wehrli	○	○	●				○		●	●
Gesucht	●			●	●					●

Die Lücken zu schließen ist oft nicht einfach. Häufig fehlen entsprechende Kontakte im Freundeskreis (Ingenieure kennen viele andere Ingenieure, aber nicht unbedingt Betriebswirtschaftler). Hier ist ein erfahrener Coach besonders wertvoll. Auch ein Venture Capitalist mit entsprechenden Fachkenntnissen kann hier gut helfen.

Die wenigsten Firmengründer sind in der Lage, die notwendigen Teammitglieder anzustellen und damit die volle Kontrolle über das Eigentum zu halten. Bei Firmen mit hohem Wachstum ist die Eigenfinanzierung besonders kritisch. Um Enttäuschungen vorzubeugen, empfiehlt es sich, frühzeitig eine Zielvorstellung von den Eigentumsverhältnissen der zu etablierenden Firma zu formulieren. Das Unternehmerteam sollte sich einig sein, bevor das Gespräch mit Investoren gesucht wird. Wie Sie sich darauf vorbereiten können, lesen Sie im Teil 4 dieses Buches (Eigenmittelbeschaffung und Unternehmensbewertung). Ein guter Ansatz für die Verteilung der Anteile ist die tatsächliche bisherige und zukünftige Leistung der Mitglieder. Der „Erfinder" der Idee und der zukünftige Geschäftsleiter zum Beispiel dürfen deshalb höhere Anteile erhalten.

VORSTELLUNG DES UNTERNEHMERTEAMS

Mit der Bildung eines Gründerteams und Überlegungen zum Aufbau eines Dream-Teams haben Sie schon viel gewonnen. Sorgen Sie nun dafür, dass die Investoren Ihr Team kennenlernen und sich von dessen Motivation und Schlagkraft überzeugen können. Versetzen Sie sich dabei in die Lage des Investors: Worauf würden Sie selbst Wert legen? Beschreiben Sie die Fähigkeiten und Merkmale des Teams und der einzelnen Mitglieder, zum Beispiel mit folgenden Angaben:

◆ **Team als Ganzes:** komplementäre Fähigkeiten der Teammitglieder; Evidenz, dass sie zusammenarbeiten können und auch bei Schwierigkeiten zusammenhalten werden; persönliches Engagement des Teams; Eigentumsverhältnisse; Rolle, die jedes Mitglied übernimmt.

◆ **Einzelne Teammitglieder:** wesentliche Meilensteine im Lebenslauf wie Studium, Fachausbildung, praktische Erfahrung, Auslandsaufenthalte, Führungs- und Kommunikationspraxis; Hinweise auf spezielle Fähigkeiten wie besondere Hobbys oder Leistungen in Sport, Musik usw. Halten Sie sich kurz, maximal eine Drittelseite pro Teammitglied; vollständige Lebensläufe können Sie allenfalls im Anhang beilegen.

Auf einen Blick – Unternehmerteam

Fragen, die Sie für dieses Kapitel bearbeiten sollten

1. Mitglieder – Wer sind die Mitglieder Ihres Unternehmerteams, was zeichnet sie aus (Ausbildung, Berufserfahrung, Erfolge, Ruf in der Geschäftswelt)? Welche Erfahrungen und Fähigkeiten, die für die Umsetzung Ihrer Geschäftsidee und den Aufbau des Unternehmens von Nutzen sind, besitzt das Team? Was ist die Motivation der einzelnen Teammitglieder? Hat das Team bereits zusammengearbeitet? Haben sich die Mitglieder auf die zukünftigen Rollen und die gemeinsamen Ziele geeinigt, sind die Eigentumsverhältnisse geklärt?

2. Fehlende Positionen – Welche Erfahrungen und Fähigkeiten fehlen dem Team? Was für Spezialisten fehlen noch? Wie werden die fehlenden Positionen ergänzt?

Das Unternehmerteam

Das Unternehmerteam setzt sich aus äußerst erfahrenen Personen zusammen, die eine gemeinsame Vision teilen und die FoldCon AG zu einem erfolgreichen Unternehmen machen wollen.

Stefan Bertschi, Geschäftsführer und Leiter Finanzen

Stefan Bertschi arbeitete acht Jahre lang im Marketing von Procter & Gamble und leitete mit Erfolg eine Vertriebsregion mit einem Jahresumsatz von 50 Mio. USD. 2006 erwarb er einen MBA der Stanford University, zudem verfügt er über einen Abschluss in Materialwissenschaft der ETH Zürich.

Markus Huber, Entwicklungsleiter

Markus Huber ist Lehrbeauftragter an der ETH Zürich, wo er seine Dissertation im März 2008 abschließen wird. Sein Forschungsbereich ist Operations Research für Logistik und Materialwissenschaft. Während seiner Promotion hat er für Danzas Air & Ocean gearbeitet.

Simone Meier, Vertriebsleiterin

Simone Meier verfügt über einen Master in Betriebswirtschaft der Universität St. Gallen und über einen Bachelor in Mechanical Engineering des California Institute of Technology. Praktische Erfahrung sammelte sie im Vertrieb einer international ausgerichteten mittelständischen Ingenieurgesellschaft in der Schweiz als Assistentin des Vertriebsleiters.

Jana Wehrli, Marketingleiterin

Jana Wehrli verfügt über einen Master in Mechanical Engineering der ETH Zürich und studiert zurzeit Business Economics an der Johns Hopkins University. Sie war bei Caterpillar als Designerin für Krane sowie in der Marktforschung für ein großes Strategieberatungsunternehmen tätig.

Zu besetzende Positionen

Wir planen, die Mitarbeiterzahl schrittweise zu erhöhen. Im ersten Jahr werden wir vor allem unser Vertriebs- und Produktentwicklungsteam stärken. Wir planen, zwei Personen für Vertrieb und Marketing sowie zwei für die Produktentwicklung einstellen zu können. Wir streben die Anstellung einer weiteren Person für administrative Aufgaben an und möchten so die Gesamtzahl der Mitarbeitenden von gegenwärtig vier (das heißt die Gründerinnen und Gründer) im ersten Jahr auf neun erhöhen.

I invest in management, not ideas.

Eugene Kleiner
Venture Capitalist

4. Marketing

Kundenbedürfnisse zu befriedigen, muss das zentrale Anliegen jeder Firma sein. Das ist die Grundidee des Marketings. Marketing ist demnach nicht gleichzusetzen mit „Verkauf" oder „Werbung" – das sind lediglich Umsetzungen des Marketinggedankens. Marketing greift weiter: Bei allem, was ein Unternehmen tut – von der Forschung und Entwicklung über die Produktion und Verwaltung bis hin zum Verkauf und Kundenkontakt –, stehen immer folgende Fragen im Vordergrund: Wer sind die Kunden? Welche Vorteile bringt es den Kunden? Welche Vorteile bringt es der Firma gegenüber ihren Konkurrenten? Eine Firma, die sich am Prinzip des Marketings orientiert, wird immer bestrebt sein, Kundenbedürfnisse zu befriedigen, und zwar besser als die Konkurrenz.

Der Marketingplan ist somit ein Kernstück Ihres Businessplans: Sie müssen den Investor davon überzeugen, dass Ihre Geschäftsidee einen Markt hat, den Sie mit Gewinn bedienen können. Und der Investor will sich vergewissern, dass Sie seine Erwartung an die Wachstumsmöglichkeiten des Geschäfts erfüllen können. Dazu ist es nicht nötig, im Businessplan einen ausführungsreifen Marketingplan zu präsentieren – das ist auf den 3 bis 4 Seiten, die Sie zur Verfügung haben, auch nicht machbar. Wichtig sind jedoch klare Aussagen zum erwarteten Markt, zur Preisstrategie und zum Vertrieb.

Betriebswirtschaftlich nicht vorgebildete Leser finden hier einen Überblick über die wichtigsten Elemente eines Marketingplans, damit sie verstehen, worauf es ankommt.

In diesem Kapitel erfahren Sie,

- wie Sie Ihren Markt und den Wettbewerb untersuchen;
- wie Sie Ihren Zielmarkt auswählen;
- wie Sie Ihren Marketingmix festlegen.

Wenn Sie den Kundennutzen nicht kennen, ist die Sache hoffnungslos.

Branco Weiss
Unternehmer

Grundelemente des Marketingplans

Marketing ist keine exakte Wissenschaft, und gerade bei neuen Geschäftsideen beruht vieles auf gesundem Menschenverstand und Instinkt. Die gröbsten Fehler beim Erstellen eines Businessplans werden vielfach gerade in der Marketingplanung gemacht. Das hat zwei Gründe: Zum einen müssen Sie sich in die Situation, das Denken und die emotionale Haltung Ihrer künftigen Kunden versetzen, was nicht einfach ist. Zum andern können Sie viele Marktfaktoren nicht direkt beeinflussen; zum Beispiel kann die zentrale Frage „Wie viele Kunden werden unser Produkt kaufen?" im Voraus nie exakt beantwortet, sondern allenfalls geschätzt werden. Immerhin kann eine saubere Markt- und Konkurrenzanalyse die Qualität der Vorhersage signifikant verbessern.

Den Marketingplan erstellen Sie sinnvollerweise in drei Schritten:

1. **Markt und Wettbewerb untersuchen:** Im ersten Schritt lernen Sie den Markt für Ihre Geschäftsidee genauer kennen und analysieren die Stärken und Schwächen Ihrer Konkurrenten.

2. **Zielmarkt auswählen:** Im zweiten Schritt wählen Sie jene Gruppen von Kunden („Kundensegmente") aus, deren Bedürfnisse Ihre Geschäftsidee am besten abdeckt und denen Sie im Vergleich zur Konkurrenz am meisten zu bieten haben. Zudem legen Sie fest, wie Sie sich von der Konkurrenz abheben wollen („Positionierung durch Differenzierung").

3. **Marketingmix festlegen:** Im dritten Schritt legen Sie mit konkreten Maßnahmen zu Produktgestaltung, Preisgestaltung, Vertrieb und Kommunikation fest, wie Sie Ihre Kunden ansprechen und erreichen wollen.

If there is no competition, there is probably no market.

Brian Wood
Venture Capitalist

MARKT UND WETTBEWERB

Gute Kenntnis der Kunden und ihrer Bedürfnisse ist Basis eines jeden Geschäftserfolgs; erst die Kunden geben einer Firma ihre Daseinsberechtigung. Letztlich sind sie es, die mit dem Kauf (oder Nichtkauf) Ihres Produktes oder Ihrer Dienstleistung entscheiden, ob und wie erfolgreich Ihre Firma sein wird. Es werden nur diejenigen Kunden Ihr Produkt kaufen, die sich davon einen höheren Nutzen versprechen als vom Kauf eines Konkurrenzproduktes oder vom Verzicht auf einen Kauf.

Ihr Marketingplan muss Aussagen zu zwei Fragen enthalten:

- Wie groß ist der Markt, und in welchem Ausmaß wächst er?
- Was kennzeichnet den Wettbewerb?

Marktgröße und Marktwachstum

Die Marktgröße sollte in Bezug auf die Anzahl Kunden, die Anzahl Mengeneinheiten und den Gesamtumsatz in Euro beziffert werden. Bei der Analyse ist zu unterscheiden zwischen einem bestehenden Markt und einem völlig neuen Markt. Wenn Sie eine verbesserte Ausführung eines bereits angebotenen Produkts auf den Markt bringen wollen (zum Beispiel eine wirksamere Zahnpasta), lassen sich diese Angaben relativ einfach beschaffen: Statistiken finden Sie etwa in Fachzeitschriften, im Internet, bei öffentlichen Stellen oder Fachverbänden. Prüfen Sie die Daten auf ihre Plausibilität hin. Idealerweise erfasst Ihre Prognose des Marktwachstums die nächsten fünf Jahre, ergänzt durch die Vergleichswerte der letzten fünf Jahre.

Der Markt ist schwieriger abzuschätzen, wenn Sie von etwas völlig Neuem ausgehen. In diesem Fall müssen Sie Größe und voraussichtliche Entwicklung aus der Zahl der potenziellen Kunden oder Kundensegmente herleiten. Wahrscheinlich müssen Sie hierzu selbst etwas „Marktforschung" betreiben, zum Beispiel mit einer kleinen Umfrage.

Wie man richtig schätzt

Schätzen ist ein wichtiger Bestandteil von Planungs- und Entscheidungsprozessen. Dies gilt sowohl für die Gründungs- als auch für die Wachstumsphase von Unternehmen, denn nur in den seltensten Fällen sind alle notwendigen Fakten und Zahlen bekannt, sodass ein Entscheid zu „100 % richtig" gefällt werden könnte. Das trifft bei der Abschätzung der Größe des Gesamtmarktes oder des Kundensegments ganz besonders zu.

Halten Sie sich an folgenden Grundsatz: „Lieber ungefähr richtig als genau falsch." Es ist besser, mit der Schätzung in einen vernünftigen Bereich zu gelangen, als eine vermeintlich genaue Zahl auf Kommastellen zu berechnen, die aufgrund der Unsicherheit in den Annahmen nicht stimmen kann.

Beachten Sie beim Schätzen folgende Tipps:

> **Auf einer sicheren Basis aufbauen:** Vieles mag unbekannt sein; wenn Sie sich aber auf einfach zu verifizierende Zahlen abstützen, stellen Sie Ihre Schätzung auf ein solides Fundament.

> **Logischer Weg:** Eine Schätzung soll logisch nachvollziehbar sein, also keine Gedankensprünge enthalten und nicht auf ungenannten Annahmen basieren.

> **Quellen vergleichen:** Prüfen Sie Informationen, zum Beispiel Aussagen aus einem Interview, wenn möglich anhand verschiedener Quellen nach.

> **Kreativität:** Nicht immer führt der gerade Weg ins Ziel; wenn zum Beispiel eine Größe unbekannt ist, suchen Sie nach Ersatzgrößen, die mit der gesuchten Größe in Verbindung stehen.

> **Plausibilität überprüfen:** Prüfen Sie jede Schätzung am Ende noch einmal kritisch nach: „Macht das Ergebnis wirklich Sinn?"

Ein Schätzbeispiel

Wie hoch ist der Tagesverbrauch an Papierwindeln in der Schweiz heute? Mögliches Vorgehen:

> **Basis:** Bevölkerung der Schweiz: rund 7,7 Mio. (Bundesamt für Statistik).

> **Annahme:** Das Durchschnittskind trägt 2 Jahre lang Windeln (Eltern fragen).

> **Basis:** Die durchschnittliche Lebenserwartung in der Schweiz beträgt 80 Jahre (Geografie-Lehrbuch).

> **Berechnung:** Die Zahl Windeln tragender Kinder in erster Näherung ist 2/80 = 2,5 % der Bevölkerung oder rund 180'000.

> **Verfeinern der Annahme:** Die Bevölkerung ist altersmäßig nicht gleich verteilt (Zwiebelfunktion), das heißt, einerseits nimmt die Zahl der Menschen pro Jahrgang mit zunehmendem Alter ab, andererseits ist die Geburtenrate zurzeit sehr klein. Nehmen wir an, die beiden Effekte gleichen sich in etwa aus; die Unsicherheit dokumentieren wir mit der Bandbreite von 160'000–200'000 Windelträgern.

> **Annahme:** Windelverbrauch pro Tag (wieder Eltern fragen): 5–7 Windeln.

> **Resultat:** Geschätzter täglicher Windelverbrauch in der Schweiz = **0,8 bis 1,4 Mio.**

Tatsächlicher Wert: 1,15 bis 1,25 Mio.

Quelle: Procter & Gamble, Hersteller von Pampers

Wettbewerbsstruktur

Wer sich mit einem Angebot auf einen Markt begibt, muss mit Konkurrenz und Wettbewerb rechnen. Damit Sie sich der Konkurrenz erfolgreich stellen können, müssen Sie herausfinden, wer die wichtigsten Anbieter im Markt sind, welchen Marktanteil sie haben, wie sie vorgehen und welches ihre Stärken und Schwächen sind. Und Sie müssen abzuschätzen versuchen, ob und wie schnell ein anderer Anbieter mit einem ähnlichen Produkt auf den Markt kommen könnte und wie sich das auf Ihren Geschäftserfolg auswirken würde. Stellen Sie sich also die Frage: Ist Ihre Geschäftsidee kopierbar, wie schnell und mit wie viel Aufwand?

Für alles gibt es Wettbewerb. Neben bestehenden oder potenziellen Konkurrenzfirmen werden Sie sich auch mit Substituten beschäftigen müssen. Substitute sind Produkte, die den gleichen Kundennutzen auf eine andere Weise erfüllen. Als Sony und Philips die Compact Disc auf den Markt brachten, gab es zwar noch keine direkte Konkurrenz durch andere digitale Tonträger. Die Compact Disc konkurrierte zuerst einmal mit den bestehenden analogen Tonträgern Schallplatte, Tonband, Kassette, aber auch mit Unterhaltungsmedien im weiteren Sinn. Und sehr bald kamen andere Tonträger in Digitaltechnik und, etwas später, auch neue Formate der Compact Disc auf den Markt.

WAHL DES ZIELMARKTES

Ihre Geschäftsidee wird nicht für alle potenziellen Kunden interessant sein, weil nicht alle die gleichen Bedürfnisse haben. Sie müssen innerhalb des Gesamtmarktes also jene Gruppe von Kunden ausfindig machen, denen Ihr Produkt oder Ihre Dienstleistung den größten Nutzen bringt, die Sie am besten erreichen können und die bereit sind, dafür zu bezahlen. In der Sprache des Marketings heißt das: Sie müssen einen Zielmarkt auswählen und seine Merkmale bestimmen.

Im Businessplan werden Aussagen zum Gesamtmarkt, zu Ihrem Zielmarkt und Marktanteil erwartet. Zusätzlich sollten Sie die künftige Entwicklung dieser Größen abschätzen. Der sinnvolle Prognosezeitraum variiert zwischen 3 Jahren für kurzlebige Güter wie Computer, Internet, Mode und 10 Jahren für langlebige Investitionsgüter.

Ihr Marketingplan muss Aussagen zu vier Fragen enthalten:

- ◆ Wer sind Ihre Kunden oder Kundengruppen (Segmentierung)?
- ◆ Welche Kunden oder Kundengruppen sind für Sie finanziell besonders attraktiv?
- ◆ Wie unterscheidet sich Ihr Angebot für diese Kunden im Vergleich zur Konkurrenz (Positionierung)?
- ◆ Welchen Marktanteil und welchen Umsatz können Sie voraussichtlich bei diesen Kunden erzielen?

Kundensegmentierung

Mit Ihrem Produkt oder Ihrer Dienstleistung wollen Sie ein Kundenbedürfnis ansprechen und befriedigen – und das möglichst gezielt und effizient. Weil es sich meist nicht lohnen würde, Produkt und Werbung speziell auf jeden Kunden einzeln abzustimmen, müssen Sie Ihre potenziellen Kunden nach sinnvollen Kriterien in Gruppen einteilen. Kriterien sind dann sinnvoll, wenn sie zu Kundengruppen führen, die möglichst ähnliche Bedürfnisse haben, aber auch groß genug sind, dass sie effizient zu bedienen sind. Zudem müssen sich die Kriterien für Produktgestaltung, Preisfestlegung, Werbung und Vertrieb auch nutzen lassen. Diese Frage ist keineswegs trivial. Käufer von Fernsehgeräten könnten zum Beispiel in solche mit blauen, braunen oder grünen Augen segmentiert werden – doch was würde das bringen? Wenn Sie hingegen herausfinden, dass junge Leute mit niedrigem Einkommen (zum Beispiel Studierende) kleine, tragbare Fernseher mit guter Klangqualität für unter 200 EUR bevorzugen, haben Sie ein Zielsegment definiert, das Sie jetzt gezielt angehen können.

Mit der Kundensegmentierung verfolgen Sie zwei Ziele: Eine akkurate Kundensegmentierung hilft Ihnen erstens, den Markt zu bestimmen, den Sie mit Ihrem Produkt erreichen. Einer der größten Marketingfehler ist, den effektiven Markt eines Produktes zu wenig genau zu definieren und damit zu überschätzen oder auch zu unterschätzen. Wenn Sie

Kriterien zur Kundensegmentierung (Beispiele)

Für Konsumgüter

> Geografisch: Land (Schweiz, Deutschland, Frankreich usw.) oder Bevölkerungsdichte (Stadt/Land)
> Demografisch: Alter, Geschlecht, Einkommen, Beruf, Firmengröße usw.
> Lifestyle: Technofreaks, Alternative, Generation X usw.
> Verhalten: Häufigkeit des Produktgebrauchs, Anwendung des Produkts usw.
> Einkaufsverhalten: Bevorzugung von Marken, Preisbewusstsein

Für Investitionsgüter

> Demografisch: Firmengröße, Branche, Lage
> Operativ: eingesetzte Technologie
> Einkaufsverhalten: zentraler oder dezentraler Einkauf, Einkaufskriterien, Verträge mit Lieferanten usw.
> Situative Faktoren: Dringlichkeit des Bedarfs, Bestellgröße usw.

beispielsweise eine neuartige Zahnpasta auf den Markt bringen, würden Sie vielleicht von der Annahme ausgehen, alle Einwohner der Schweiz seien mögliche Kunden. Eine genauere Untersuchung könnte dann aber Folgendes ergeben: 50 % kommen als Konsumenten nicht in Frage, weil sie ihre Zahnpasta bei einem Großverteiler kaufen und Sie diesen Großverteiler nicht beliefern können. Weitere 30 % der Konsumenten kaufen das günstigste Produkt und gehen verloren, weil Ihre Zahnpasta 20 % teurer ist als Konkurrenzprodukte; dass Ihre Zahnpasta die Zähne besser und schonender reinigt, ist für diese Konsumenten weniger wichtig. Und nochmals 10 % gehen verloren, weil Ihre Zahnpasta für ältere Menschen nicht geeignet ist. Effektiv beträgt der Markt für Ihre Zahnpasta also nur 10 % des Gesamtmarktes.

Die Kundensegmentierung hilft Ihnen zweitens, für jedes Kundensegment einen maßgeschneiderten Marketingmix zu entwerfen – und damit die

Wirkung zu erhöhen. Verschiedene Kundensegmente können aus ganz unterschiedlichen Gründen an Ihrem Produkt interessiert sein. Kinder mögen die neue Zahnpasta wegen des Geschmacks, Eltern wegen der verbesserten Wirkung gegen Karies und Berufstätige, weil sie überall erhältlich ist. Werden die Konsumenten nach diesen Bedürfnissen in einheitliche Gruppen segmentiert, kann das Produkt durch gezielte Maßnahmen bei jedem Kundensegment treffend „positioniert" werden.

Auswahl der Zielsegmente

Wenn Sie den Markt in einzelne Kundensegmente gegliedert haben, werden Sie sich überlegen müssen, auf welche Segmente Sie sich konzentrieren wollen. Ziel ist nicht, alle Segmente zu bedienen, sondern vor allem jene, die heute und in Zukunft am meisten Gewinn versprechen. Zur Beurteilung dieser Frage eignen sich verschiedene Kriterien:

- Größe des Segments,
- Wachstum des Segments,
- Übereinstimmung von Produkt und Kundenbedürfnis in einem Segment,
- Differenzierungsmöglichkeit des eigenen Produkts gegenüber den Konkurrenzprodukten.

Positionierung gegenüber der Konkurrenz

Warum soll ein potenzieller Kunde gerade Ihr Produkt kaufen und nicht jenes eines Konkurrenten? Weil es dem Kunden mehr bietet (in einem für ihn wichtigen Aspekt) als die Produkte der Konkurrenz, weil es für ihn rein sachlich oder emotional „besser" ist. Oder wie der Marketingexperte sagen würde: Sie haben für Ihre Geschäftsidee ein einzigartiges Nutzenangebot entwickelt – eine Unique Selling Proposition.

Ein unverwechselbares Angebot zu formulieren und im Gedächtnis der Kunden zu verankern, ist die zentrale Aufgabe der Kommunikation im Marketing. Man spricht von der Positionierung eines Produktes, einer Marke oder eines Unternehmens. Gut positionierte Produkte hinterlassen beim Konsumenten also immer einen ganz bestimmten Eindruck, wenn er an das Produkt denkt. Der wichtigste Leitsatz für die Positionierung lautet deshalb: Nehmen Sie die Sicht des Kunden ein (es geht darum, ein Bedürfnis besser abzudecken, nicht neue Produktattribute vorzustellen). Das Bessere muss für den Kunden sofort verständlich, einprägsam und natürlich von Bedeutung sein. Zugleich muss sich Ihre Positionierung erkennbar von jener der Konkurrenz abheben. Nur so werden die Kunden den Zusatznutzen, den Sie ihnen bieten, im Gedächtnis auch mit dem Namen Ihres Produktes oder Ihrer Firma verbinden – und letztlich Ihr Produkt kaufen.

Der Weg zur erfolgreichen Positionierung

> Relevante Kundenbedürfnisse oder Probleme erkennen.

> Klare, ausreichend große Kundensegmente definieren.

> Kompetentes Angebot in Form von Produkten und Leistungen gestalten.

> Einzigartigkeit durch Abgrenzung von der Konkurrenz definieren.

> Subjektive Wahrnehmung der Kunden ansprechen.

> Kundenzufriedenheit auch nach dem Kauf sicherstellen.

Weil die Positionierung für den Markterfolg – und damit den längerfristigen Erfolg Ihres Unternehmens – so entscheidend ist, sollten Sie diesem Aspekt viel Aufmerksamkeit widmen. Die überzeugende Positionierung wird Ihnen nicht auf Anhieb gelingen, sondern intensive Auseinandersetzung erfordern und immer wieder überarbeitet werden müssen, bis sie überzeugt. Ein erster Anhaltspunkt für die Positionierung ist die Produktidee selbst. Weitere Rückschlüsse ergeben sich, wenn Sie Ihr Produkt im Laufe der Entwicklung verfeinern und modifizieren und immer wieder neuen Erkenntnissen aus Kundenbefragungen anpassen.

Marktanteil und Verkaufsvolumen

Eine Schlüsselfrage der Geschäftsplanung ist, welchen Marktanteil und welches Umsatzvolumen Sie in den ersten fünf Jahren erzielen können. Die Überlegungen zur Positionierung geben brauchbare Hinweise dazu, wie viele Kunden Sie in einzelnen Segmenten schätzungsweise erreichen können. Überlegen Sie sich dabei auch, ob und wie viele Kunden Sie mit Ihrem Angebot von der Konkurrenz abwerben können. Dort, wo Sie am meisten Vorteile zu bieten haben, können Sie auch am meisten Kunden gewinnen. Bleiben Sie aber realistisch!

MARKETINGMIX

Wie Sie Ihren angestrebten Wettbewerbsvorteil bzw. die formulierte Positionierung im Markt durchsetzen, bestimmen Sie mit dem Marketingmix. Dieser besteht aus den sogenannten 4 P des Marketings – Product, Price, Place, Promotion. Optimal abgestimmt, wird er zum angestrebten Marktanteil und Verkaufsvolumen führen.

Product: Welche Eigenschaften muss Ihr Produkt haben, um das relevante Kundenbedürfnis abzudecken?

Price: Welchen Preis können Sie für Ihr Produkt verlangen, und welches Ziel verfolgen Sie mit Ihrer Preisstrategie?

Place: Wie wollen Sie mit Ihrem Produkt zu den Kunden gelangen?

Promotion: Mit welchen Kommunikationsmitteln wollen Sie den Kunden die Vorteile Ihres Produktes vermitteln?

Product: Produkteigenschaften

Mit Ihrer ursprünglichen Geschäftsidee haben Sie sich bereits eine gewisse Vorstellung über die Eigenschaften Ihres Produktes gebildet. Nach der genaueren Analyse der Bedürfnisse verschiedener Kundensegmente müssen Sie nun überprüfen, ob Ihr Produkt diesen tatsächlich gerecht wird und inwiefern es allenfalls anzupassen ist. Dabei stellt sich die Frage, ob Sie ein uniformes Produkt für alle Segmente herstellen oder ob Sie Ihr Produkt gezielt den Anforderungen einzelner Segmente anpassen wollen.

Price: Preisgestaltung

Mit der Positionierung haben Sie entschieden, wie Sie Ihr Produkt von der Konkurrenz differenzieren wollen, auch hinsichtlich des Preises. Wenn Sie sich mit der Preisgestaltung befassen, überlegen Sie sich genauer:

◆ Welchen Preis können Sie für Ihr Angebot verlangen?

◆ Welche Strategie verfolgen Sie mit der Preisgestaltung?

Welchen Preis können Sie verlangen?

Basis für den erreichbaren Preis ist die Bereitschaft des Kunden, den geforderten Preis zu bezahlen. Dies widerspricht der landläufigen Meinung, der Preis werde direkt von den Kosten bestimmt. Natürlich spielen die Kosten eine gewisse Rolle. Das Verhältnis Preis zu Kosten wird aber erst kritisch, wenn der erzielbare Preis die Kosten nicht mehr deckt. In diesem Fall ist es ratsam, rasch aus dem Geschäft auszusteigen oder – besser noch – gar nicht erst einzusteigen. Eine Rolle spielen die Kosten natürlich auch insofern, als die Differenz zwischen Preis und Kosten den Gewinn ausmacht – denn letztlich ist es das Ziel jedes marktwirtschaftlich ausgerichteten Unternehmens, den Gewinn zu maximieren.

Welchen Preis Sie erzielen können, hängt ganz davon ab, wie viel der Nutzen Ihres Angebotes den Kunden wert ist. In der Geschäftsidee oder der Produktbeschreibung haben Sie den Kundennutzen ausgewiesen und vielleicht auch quantifiziert. Legen Sie eine Preisspanne nach den im Kasten „Preisgestaltung nach Kundennutzen" beschriebenen Überlegungen fest. Sie sollten Ihre Annahmen zusätzlich in Gesprächen mit potenziellen Kunden verifizieren und verfeinern, aber auch das Preisverhalten der Konkurrenz im Auge behalten. (Zu welchem Preis ist das nächstbeste alternative Konkurrenzprodukt zu haben?)

Welche Strategie verfolgen Sie mit der Preisgestaltung?

Welche Preisstrategie Sie wählen, hängt von Ihrem Ziel ab: Wollen Sie mit einem tiefen Preis rasch den Markt durchdringen (Penetrationsstrategie), oder wollen Sie von Anfang an einen möglichst hohen Ertrag erzielen (Abschöpfungsstrategie)?

(Value-based Pricing)

Wenn ein Fernmeldeunternehmen früher die Übertragungskapazität seiner Glasfaserkabel erhöhen wollte, musste es bisher neue Kabel verlegen. Die Grabarbeiten belaufen sich je nach Topografie auf ca. 25 bis 50 EUR pro Meter. Bei einer Streckenlänge von 50 km ergeben sich Gesamtkosten von 1,25 bis 2,5 Mio. EUR.

Alternativ bietet die Firma Onyc Corp. elektronische Geräte an, die die Kapazität bestehender Glasfaserkabel durch „wave length multiplexing" vervielfachen. Anstelle eines Lichtstrahls wird Licht in mehreren Farben (verschiedene Wellenlängen) durch das Kabel geschickt. Mit jedem Farbstrahl lässt sich gleich viel Information übertragen wie mit dem herkömmlichen Lichtstrahl insgesamt. Ein Gerät mit 24-facher Übertragungskapazität kostet die Onyc Corp. in der Herstellung etwa so viel wie ein gut ausgerüsteter PC. Welcher Preis kann für die Abgeltung der Entwicklungskosten und vor allem für den Wert der Idee verlangt werden? Onyc Corp. bietet das System mit 24 Kanälen für 1,25 Mio. EUR an.

Neue Firmen verfolgen in der Regel aus guten Gründen eine Abschöpfungsstrategie:

- ◆ Ein neues Produkt wird gemäß den bisherigen Überlegungen als „besser" positioniert, somit darf es auch mehr kosten.
- ◆ Höhere Preise führen in der Regel zu höheren Margen und ermöglichen dem neuen Unternehmen, das Wachstum selbst zu finanzieren. Neue Investitionen sind somit aus dem Gewinn finanzierbar, auf weitere Fremdinvestoren kann verzichtet werden.
- ◆ Anders als Abschöpfungsstrategien erfordern Penetrationsstrategien prinzipiell hohe Anfangsinvestitionen, damit das Angebot der höheren Nachfrage auch gerecht werden kann. Dieses höhere Investitionsrisiko wollen Investoren wenn möglich vermeiden.

Eine Penetrationsstrategie kann etwa in folgenden Situationen angebracht sein:

Neuer Standard: Netscape verteilte seinen Internet-Browser gratis und konnte somit einen Standard setzen. Apple verfolgte mit dem Macintosh dagegen eine Abschöpfungsstrategie und verpasste damit die Chance, den Mac als Standard zu etablieren.

Systembedingt: Geschäfte mit hohen Fixkosten müssen sehr rasch ein breites Publikum finden, damit sie sich rentieren. Klassisches Beispiel ist FedEx: Die Kosten für Flugzeuge und Sortieranlagen fallen gleichermaßen an, ob die Firma tausend oder mehrere Millionen Briefe spediert.

Konkurrenz: Wenn die Eintrittsbarrieren niedrig sind und starke Konkurrenz zu erwarten ist, ist eine Penetrationsstrategie angezeigt, um schneller als die Konkurrenz einen hohen Marktanteil zu erobern. In diesem Fall stellt sich allerdings die grundsätzliche Frage, ob ein solches Geschäft für eine neu gegründete Firma überhaupt sinnvoll ist.

Place: Vertrieb

Ihre Produkte oder Dienstleistungen müssen physisch Ihre Kunden erreichen. Hinter dieser simplen Aussage steckt eine weitere wichtige Marketingentscheidung: Auf welchem Weg – über welchen Vertriebskanal – wollen Sie Ihr Produkt absetzen? Die Wahl des Vertriebskanals wird von verschiedenen Faktoren beeinflusst. Zum Beispiel: Wie groß ist die Zahl der potenziellen Kunden? Sind das Firmen oder Privatpersonen? Welche Art des Einkaufens bevorzugen sie? Ist das Produkt erklärungsbedürftig? Liegt das Produkt eher im oberen oder im unteren Preissegment? Grundsätzlich müssen Sie sich überlegen, ob Ihre Firma den Vertrieb selbst übernehmen oder einer spezialisierten Organisation übertragen will. Solche „Make-or-buy"-Entscheide beeinflussen die Organisation und das Geschäftssystem Ihres Unternehmens wesentlich (siehe Kapitel 5 „Geschäftssystem und Organisation"). Die Wahl des Vertriebskanals hängt somit stark mit anderen Marketingentscheidungen zusammen und wirkt sich wiederum auf weitere Maßnahmen aus.

Kennzahlen zu Margen

Die Margen sind je nach Geschäft unterschiedlich und abhängig von verschiedenen Faktoren, zum Beispiel

> Konkurrenzsituation auf dem Markt (starke Konkurrenz führt zu tiefen Margen);
> Geschäftstüchtigkeit des Unternehmers (verbessert die Margen);
> Komplexität des Produkts (höhere Margen), Menge, Durchlaufzeit und Lagerhaltung (je höher die Stückzahlen und je kürzer die Durchlaufzeit, umso kleiner die Marge).

Beispiele typischer Margen (in Prozent des Endverkaufspreises):

Fachhandel

Medikamente	30 %
Textilien	50 %
Sportartikel	35–50 %
Neuwagen	10–15 %
Tonträger	10–30 %

Großverteiler

Migros, Coop, Aldi	15–30 %

Großhändler

Medikamente	10 %
Nahrungsmittel, Getränke	5 %

Hersteller

Medikamente	50–60 %
Computer (PC)	10–15 %

Der Vertriebskanal – das Tor zum Kunden

Vertriebsformen lassen sich grob in Direktvertrieb und mehrstufige Kanäle unterteilen. Technische Entwicklungen, insbesondere die Informationstechnologie, haben das Spektrum der Vertriebskanäle in den letzten Jahren stark erweitert. Hier eine Auswahl:

Fremde Einzelhandelsgeschäfte: Produkte werden über den Einzelhandel mit gutem Zugang zu den potenziellen Kunden verkauft. Wichtig ist, einen guten Platz im Verkaufsregal zu bekommen, den natürlich auch die Konkurrenz begehrt und der deshalb entsprechend teuer ist; zudem muss das Produkt dem Einzelhandel einen guten Gewinn ermöglichen, damit er es überhaupt ins Sortiment aufnimmt.

Externe Agenten: Spezialisierte Firmen vertreiben als Agenten die Produkte verschiedener Hersteller; sie übernehmen die Funktion des eigenen Verkäufers. Externe Agenten kosten relativ viel, allerdings nur bei erfolgreichem Verkauf. Wenn sie nichts verkaufen, fallen auch keine Kommissionen an. Das macht diesen Kanal für neue Firmen attraktiv, da das Risiko begrenzt wird. Gute Agenten sind allerdings nicht immer einfach zu finden.

Franchising: Eine Geschäftsidee wird von sogenannten Franchisenehmern gegen eine Lizenzgebühr selbstständig umgesetzt, wobei der Franchisegeber die Geschäftspolitik weiter bestimmt (ein bekanntes Beispiel ist McDonald's). Franchising ermöglicht rasches geografisches Wachstum und gleichzeitig Kontrolle über das Vertriebskonzept ohne große eigene Investitionen.

Großhandel: Für eine kleine Firma kann es schwierig sein, Kontakt mit einer großen Zahl von Einzelhändlern zu pflegen. Ein Großhändler, der über gute Kontakte zum Einzelhandel verfügt, kann diese Funktion übernehmen. Er kann dazu beitragen, die Marktdurchdringung zu erhöhen und gleichzeitig die Vertriebskosten zu senken. Andererseits verlangt der Großhandel auch eine Marge für seine Tätigkeit.

Eigene Vertriebsstellen: Der Vertrieb über eigene Läden wird gewählt, wenn die Gestaltung des „Einkaufserlebnisses" von zentraler Bedeutung für das Angebot ist und keine große Zahl von Läden nötig ist, um den Markt abzudecken. Eigene Läden erfordern Investitionen, ermöglichen aber die beste Kontrolle über den Vertrieb.

Eigene Verkaufsagenten: Sie werden vor allem bei komplexen Produkten (zum Beispiel Investitionsgütern) eingesetzt, die vom Verkäufer gute Produktkenntnisse verlangen. Persönliche Kundenbesuche sind sehr aufwendig, die Zahl der Kunden muss deshalb limitiert sein. Eigene Agenten als Vertriebskanal sind relativ teuer und lohnen sich nur bei relativ aufwendigen Produkten.

Direct Mail: Ausgewählte Kunden erhalten Direktwerbung per Post. In den meisten Ländern bestehen gute Datenbanken, die Adressen von Personen nach gewünschten Kriterien sortiert verkaufen (zum Beispiel: Frauen im Alter von 40 bis 55, alleinstehend, berufstätig, mit einem Einkommen über 40'000 EUR). Der Erfolg von Direct Mail hängt davon ab, ob der Leser sich sofort angesprochen fühlt – sonst wandert die Post in den Papierkorb.

Callcenter: Kunden werden in der Werbung aufgefordert, ein Produkt über eine Telefonnummer zu bestellen. Einfache Produkte können so an ein breites Publikum gebracht werden, ohne dass Läden im ganzen Verkaufsgebiet aufgebaut werden müssen. Sie können die Leistung eines Callcenters auch von spezialisierten Betreibern einkaufen: Die Bestellungen werden dort entgegengenommen und an Sie weitergeleitet.

Internet: Vertrieb im Internet ist ein relativ neuer Kanal. Mit minimalen Kosten ist grundsätzlich ein weltweiter Markt erreichbar; noch wird das Internet nur von gewissen Kundengruppen genutzt, auch wenn die Zahl ständig zunimmt.

Promotion: Kommunikation mit dem Kunden

Damit die potenziellen Kunden Ihr Angebot überhaupt zur Kenntnis nehmen, müssen sie es kennen. Sie müssen dafür werben: Auffallen, informieren, überzeugen, Vertrauen schaffen sind Aufgabe der Kommunikation. Sie muss dem Kunden die Vorteile (den Kundennutzen) Ihres Produktes oder Ihrer Dienstleistung erläutern, und sie muss den Kunden davon überzeugen, dass Ihr Angebot sein Bedürfnis besser abdeckt als jenes der Konkurrenz, aber auch besser als alternative Lösungen. Gehör beim Kunden können Sie sich auf verschiedenen Wegen verschaffen:

- Klassische Werbung: Zeitungen, Zeitschriften, Fachjournale, Radio, Fernsehen, Kino;
- Direktmarketing: Direct Mail an ausgewählte Kunden, Telefonanrufe, Internet;
- Public Relations: Artikel in Printmedien über Ihr Produkt, Ihre Firma, über Sie selbst, verfasst von Ihnen oder von Journalisten;
- Ausstellungen, Messen;
- Kundenbesuche.

Kommunikation ist teuer. Verzetteln Sie deshalb Ihre Kräfte nicht. Kalkulieren Sie genau, wie viel Werbung Sie sich pro Verkaufsabschluss leisten können, und wählen Sie Ihre Kommunikationsmittel danach aus. Fokussierte Kommunikation trifft besser.

Wenn Sie die Kunden ansprechen, konzentrieren Sie sich auf die Personen, die effektiv den Kaufentscheid treffen. In der klassischen Familie trifft die Frau die meisten Kaufentscheide. Bei Firmen treffen Einkaufsabteilungen den Großteil der Entscheide selbst, oder sie bereiten eine Empfehlung so vor, dass sie einem Vorentscheid gleichkommt.

Kennzahlen zu Werbekosten

Die Kosten einer Kampagne hängen von vielen Faktoren ab. Zum Beispiel: Ist das Produkt neu? Ist es bekannt und soll es Sympathie erzeugen? Welche Segmente sollen angesprochen werden? Was sind die Kommunikationspräferenzen der Segmente? Einige Kostenbeispiele für Deutschland und die Schweiz:

Mediagattung	Format	Realistische Frequenz je Werbeträger	Gesamtkosten*	
Tageszeitungen (überregional, 5 Titel)	Ganze Seite schwarz-weiß	6-mal	CH: D:	570'000 CHF 2'655'000 EUR
Tageszeitungen (Ballungsräume, 5 Titel)	Ganze Seite schwarz-weiß	6-mal	CH: D:	360'000 CHF 455'000 EUR
Sonntags- und Wochenzeitungen (3 Titel)	Ganze Seite schwarz-weiß	4-mal	CH: D:	235'000 CHF 575'000 EUR
Wirtschaftspresse (6 Titel)	Ganze Seite schwarz-weiß	4-mal	CH: D:	210'000 CHF 505'000 EUR
Publikumszeitschriften (5 Titel)	Ganze Seite farbig	4-mal	CH: D:	390'000 CHF 765'000 EUR
Fernsehen (SF1, SF2/ ARD, ZDF, RTL)	30-Sek.-Spot	28-mal	CH: D:	195'000 CHF 1'250'000 EUR
Kino (250 Säle)	30-Sek.-Spot	2 Kinowochen (jede Vorstellung)	CH: D:	90'000 CHF 130'000 EUR
Lokalradio (Ballungsräume, 10 Stationen)	30-Sek.-Spot	40-mal	CH: D:	190'000 CHF 175'000 EUR
Plakate (750 Stellen)	Großplakat	14 Tage	CH: D:	375'000 CHF 100'000 EUR

Quelle: Print Media Planer 2007, Werbefibel 2005

* Preise stark abhängig von: – Größe des Auftrages (Mengenrabatt bis zu 30 %)
– Tag und Zeit (Primetime Radio am Morgen und TV am Abend), Saison (Kino)
– Reichweite der Werbung (zum Beispiel Besucherzahl im Kino)

Auf einen Blick – Markt, Konkurrenz, Marketing

Fragen, die Sie für dieses Kapitel bearbeiten sollten

1. Marktübersicht – Wie groß sind das Marktpotenzial, das Marktvolumen und der für Sie relevante Teilmarkt? Welches sind die Erfolgsfaktoren und die Kaufmotive (Qualität, Service, Beratung, Preis, Innovation, Umweltbewusstsein) in diesem Markt? Ist der Markt zyklisch? Welche Faktoren beeinflussen den Markt (Wirtschaft, Regierung, Umwelt)?

2. Marktsegmentierung – Welches sind die wichtigsten Zielmärkte und Kundengruppen im Gesamtmarkt? Wen sprechen Sie mit Ihrem Angebot an (Unternehmen, Einzelpersonen, Regierungsstelle)?

3. Kundenstruktur – Wie sieht das Profil Ihres Zielkunden aus (Alter, Geschlecht, Beruf, Einkommen, Wohnort etc.)? Was sind seine Kaufgewohnheiten? Warum ist gerade dieses Zielpublikum für Ihr Unternehmen interessant?

4. Markttrends – Welche Markttrends oder Trendbrüche sind erkennbar? Wie wird Ihr Unternehmen darauf reagieren? Was sind die Wachstumsraten der anvisierten Zielmärkte (historisch und in den nächsten fünf Jahren)?

5. Konkurrenz – Wer sind die härtesten Konkurrenten, wer die zukünftigen? In welchen Zielmärkten agieren sie? Welche Marktstellung haben sie (Umsatz, Marktanteil, Wachstumsrate, Rentabilität)? Was sind Ihre Stärken und Schwächen im Vergleich zur Konkurrenz?

6. Marketingstrategie – Welchen Marktanteil streben Sie an, wie werden Sie ihn halten und vergrößern? Wie differenzieren Sie sich von der Konkurrenz? Ist Ihre Unique Selling Proposition präzise und aus Sicht des Kunden formuliert?

7. Marketingmix
Product – Welche Eigenschaften hat Ihr Produkt? Wie lässt sich der Produktnutzen für Ihre Kunden quantifizieren (Einsparungen, zusätzlicher Umsatz etc.)?
Price – Welche Preisstrategie streben Sie an (Marktpenetration, Abschöpfung)? Zu welchen Preisen bieten Sie Ihr Angebot in den einzelnen Teilmärkten an?

Place – Welchen Vertriebskanal werden Sie verwenden? Wie sieht das ange-strebte Distributionsnetz aus (Größe, Anzahl Orte, Art)?
Promotion – Wie wollen Sie Ihre Kunden ansprechen? Wie viel kostet Ihre Werbung?

8. Annahmen – Sind Ihre Schätzungen logisch nachvollziehbar (keine Gedankensprünge)? Sind sie durch verschiedene Quellen gestützt? Stimmen Ihre Verkaufsprognosen mit der Produktionskapazität überein?

Informationsquellen
> Marktanalysen
> Interviews mit Experten, Kunden und Lieferanten
> Zeitungsartikel und Fachzeitschriften
> Branchenverbände
> Internet
> Fachmessen
> Jahresberichte und Prospekte
> Nachschlagewerke
> Testkäufe von Konkurrenzprodukten
> Besuch bei der Konkurrenz

Mögliche Gliederung des Businessplans
> Marktanalyse
> Kundenanalyse
> Konkurrenzanalyse
> Wettbewerbsvorteile
> Marketingmix

Marketingplan

Marktgröße

Die potenziellen Kunden unserer Faltcontainer sind vor allem Schiffsbetreiber. Diese kaufen oder leasen Container. Der Gesamtmarkt für Container wird derzeit auf 20 Mio. TEU geschätzt, 25 % davon sind 20-Fuß-Container (5 Mio. Container mit je 1 TEU) und 75 % sind 40-Fuß-Container (7,5 Mio. Container mit je 2 TEU). Die durchschnittliche Lebensdauer der Container beträgt acht Jahre.

Aufgrund unserer konservativen Schätzungen gehen wir davon aus, dass die Reedereien, auch wenn ihnen unsere revolutionären Faltcontainer erhebliche Einsparungen versprechen, diese vorerst nur auf Routen mit hohen Handelsungleichgewichten einsetzen, auf denen Umfuhren von Leercontainern häufig notwendig sind. Bei einem Durchschnitt von 25 % der Container oder 4 Mio. TEU, die jährlich leer transportiert werden, und einer durchschnittlichen Lebensdauer der Container von acht Jahren veranschlagen wir das jährlich zu ersetzende relevante Volumen und damit die Größe des Gesamtmarkts für Faltcontainer auf 0,5 Mio. TEU.

Kundenbedürfnisse

In Interviews mit führenden Reedereien wurde unsere Hypothese bestätigt, dass Schiffsbetreiber stets an neuen Lösungen interessiert sind, die die Kosten von Leercontainer-Umfuhren reduzieren können. Viele sagen, dass die meisten Optimierungen bereits erfolgt und nur wenig zusätzliche Einsparungen ohne Neuerungen möglich seien.

Unsere Faltcontainer sind eine vielversprechende Möglichkeit, und die Reedereien, die wir befragten, zeigten starkes Interesse am Produkt.

Anhand der Aussagen in unseren Interviews lassen sich die Anforderungen der Kunden an Kosten und Leistungsvermögen der Faltcontainer wie folgt zusammenfassen:

Kostenanforderungen

Die Kosten für das Zusammen- und Auseinanderfalten der Container sind gering: Das Zusammen- und Auseinanderfalten von Containern sollte kein zusätzliches Personal, keine besondere Ausrüstung und keine zusätzlichen Anlagen erfordern, zum Beispiel keinen speziellen Platz für das Handling.

Die Anschaffungskosten für Faltcontainer sollten, wenn sie über jenen von Standardcontainern liegen, durch Einsparungen im Betrieb in den ersten zwei bis drei Nutzungsjahren amortisiert werden.

Leistungsanforderungen

Damit die Faltcontainer dieselben Vorteile wie Standardcontainer bieten können, müssen ihre technischen Eigenschaften den Normen und Eigenschaften der Standardcontainer entsprechen. Zu diesen Eigenschaften zählen:

- Außenmaße und Bruttogewicht im ungefalteten Zustand;
- Stärke und Steife, um die Container im ungefalteten Zustand zu stapeln;
- Wasserdichtigkeit, um Beschädigungen der Fracht zu vermeiden;
- Eckbeschläge an Ober- und Unterseite des Containers für ein einfaches Handling des Krans;
- Stapelbarkeit der Faltcontainer zu einem Paket mit den Dimensionen eines Standardcontainers.

Konkurrenzanalyse

Die Idee des Faltcontainers ist nicht neu. In der Vergangenheit gab es verschiedene Designvorschläge. Die meisten dieser Ideen kamen jedoch nicht über die Patentierungsphase hinaus. Nur zwei Konzepte haben die Phase der Markteinführung erreicht und sind heute noch im Verkauf: der Six-in-One- und der Fallpac-Container.

Six-in-One

Der Six-in-One-Container (SIO) ist ein vollständig zerlegbarer 20-Fuß-Trockenfracht-Container. Auseinandergenommen und gefaltet, entsprechen 6 SIO-Container von den Maßen her einem Standard-20-Fuß-Container. Vor 16 Jahren brachte ihn die Six-in-One-Container Co., ein Schweizer Unternehmen mit einer Marketingorganisation in Frankreich, auf den Markt. Seit der Einführung sind etwa 2000 Stück verkauft worden.

Eine Schwachstelle der ersten Serie der SIO-Container war ihr maximales Bruttogewicht von 20 Tonnen (gegenüber den 24 Tonnen von Standardcontainern). Eine zweite Serie, in der diese Schwachstelle behoben worden war, wies einen anderen wichtigen Nachteil gegenüber dem Standard-20-Fuß-Container auf: das höhere Eigengewicht, denn der SIO-Container war 500 kg schwerer als der Standardcontainer (+25 %).

Um einen SIO-Container zusammen- und auseinanderzufalten, sind ein Drei-Mann-Team und ein Gabelstapler notwendig. SIO gibt an, dass der Faltprozess etwa 15 Minuten dauert. Die Praxis hat gezeigt, dass das Zusammen- und Auseinanderfalten weitaus mehr Zeit erfordert. Das Einfügen von Seitenwänden und Türen erweist sich als ein zeitaufwendiger und schwieriger Prozess, insbesondere wenn Teile durch den Gebrauch beschädigt sind.

Darüber hinaus finden Reedereien den Anschaffungspreis des SIO-Containers, der 350 % (7000 EUR) eines Standardcontainers entspricht, zu teuer.

Fallpac

Der Fallpac ist ein 20-Fuß-Trockenfracht-Container, der Zerlegbarkeits- und Faltbarkeitsmerkmale in sich vereint. Das Dach des Containers ist abnehmbar, die übrigen Elemente sind faltbar. Vier gefaltete Einheiten können in einer fünften ungefalteten gestapelt werden, die für den Leertransport bestimmt ist. Auf diese Weise hat auch der Fallpac-Container dieselben Dimensionen wie eine 20-Fuß-Standard-Box. Das maximale Bruttogewicht des Fallpac-Containers entspricht den ISO-Standards (24 Tonnen), doch sein Leergewicht beträgt ca. 4 Tonnen und damit 2 Tonnen (oder 100 %) mehr als der Standard-20-Fuß-Container. Die Kosten eines Fallpac-Containers betragen 5000 EUR oder 250 % eines Standardcontainers.

Um den Container zusammen- oder auseinanderzufalten, benötigt man zwei Personen und einen Gabelstapler. Der schwedische Hersteller (Fallpac AB) gibt an, dass der Container innerhalb von 10 Minuten gefaltet werden kann. Weil die Falttechnik ein Falten der Seitentüren vorsieht, ist der Container für das Beladen von der Seite und von vorn geeignet. Im Originaldesign gab es ein Problem mit undichten Stellen an den Seitentüren, dies wurde jedoch im neueren Design behoben.

Insgesamt haben sowohl der SIO- als auch der Fallpac-Container schwerwiegende Nachteile, die ihre Akzeptanz erschweren:

- hohe Kosten: rund drei bis vier Mal so hoch wie für einen Standardcontainer;
- kompliziertes und zeitaufwendiges Zusammen- und Auseinanderfalten, besonders bei Beschädigungen;
- erheblich geringeres Leistungsvermögen als Standardcontainer in Bezug auf Widerstandsfähigkeit, Gewicht und Wasserdichtigkeit.

Wettbewerbsvorteile von FoldCon

Unser Faltcontainer hat verschiedene nachhaltige Wettbewerbsvorteile.

Innovatives Design

Unser patentiertes Design für einen Faltcontainer bewirkt, dass kein zusätzliches Personal und keine zusätzlichen Anlagen für das Zusammen- und Auseinanderfalten der Container notwendig sind. So vermeiden wir eine klassische Schwachstelle der Konkurrenzmodelle. Die Container können durch Hinzufügen einer einfachen Vorrichtung von einem Kran automatisch zusammen- oder auseinandergefaltet werden.

Gleiches Leistungsvermögen wie Standardcontainer

Trotz der Komplexität, die ein Faltcontainer mit sich bringt, entspricht unser Produkt dank unseres Designs und ausgesuchter Materialien in jeder Hinsicht dem Leistungsvermögen von Standardcontainern – und dies in Bezug auf Lebensdauer, Widerstandsfähigkeit, Wasserdichtigkeit, Eigengewicht und Maximallast.

Preis/Total Cost of Ownership

Indem wir für unser innovatives Design und die patentierte Materialauswahl eine Produktionsvereinbarung mit einem großen chinesischen Produzenten abgeschlossen haben, können wir unser Produkt zu einem Preis verkaufen, der lediglich 50 % über dem eines Standardcontainers liegt.

Unternehmen, die unseren Faltcontainer statt eines Standardcontainers nutzen, werden über die Lebensdauer des Containers Einsparungen in der Höhe von über 2000 EUR erzielen (Anschaffungs- und Betriebskosten bereits abgezogen).

Marketingstrategie

Promotion und Distribution

Da die größten 20 Reedereien 61 % der Kapazität kontrollieren, werden wir zu Beginn die großen Anbieter mit einem stark fokussierten Ansatz ansprechen.

Zunächst werden wir unter den führenden Anbietern die Unternehmen mit dem größten Handelsungleichgewicht auswählen, weil diese am meisten von unserer Lösung profitieren können. Wir werden ihnen in der ersten Phase (zwei Jahre) umfassende Unterstützung anbieten, um eine erfolgreiche Umsetzung zu gewährleisten und das Potenzial für weitere Verbesserungen unseres Produkts zu erkennen. Wir erhoffen uns, mit den ersten Kunden Entwicklungspartnerschaften einzugehen, was diesen die Möglichkeit gibt, die weitere Gestaltung des Produkts mit zu beeinflussen.

Nachdem das Produkt erfolgreich an einige große Anbieter verkauft worden ist, werden wir ab dem dritten Jahr einen breiteren Marketingansatz verfolgen. Zudem werden wir, wenn Prototypen für die 40-Fuß-Container hergestellt und getestet worden sind, diese unseren Kunden in einer neuen gezielten Kampagne vorstellen.

Preise

Wie in der Schifffahrt üblich, werden wir den Reedereien zwei Alternativen anbieten, unser Produkt zu beziehen:

Kauf der Container: Kunden bezahlen einen einmaligen Kaufpreis in der Höhe von 3000 EUR pro TEU. Der Preis ist 50 % höher als derjenige für einen Standardcontainer, aber unser Faltcontainer verhilft Reedereien gegenüber einem Standardcontainer zu Nettoeinsparungen in Höhe von mehr als 2'000 EUR während seiner rund achtjährigen Lebensdauer.

Leasing der Container: Diese Praxis gewinnt in der Branche zunehmend an Bedeutung. Sie ermöglicht den Reedereien einen frühen Einstieg mit weniger Investitionsaufwand sowie einen kontinuierlichen Umsatz für die FoldCon AG. Die Leasingoption wird in Zusammenarbeit mit einem Finanzdienstleister angeboten, und zwar zu einem Zinssatz von 7,5 % p. a. zusätzlich zum Abschreibungsbetrag von 375 EUR (12,5 %) pro Jahr.

Kundendienst

Unser Ziel ist es, einen ausgezeichneten Kundendienst aufzubauen, um eine große Kundentreue zu unserem Produkt zu erzielen. Da wir den Schwerpunkt auf die größten Logistikunternehmen legen, werden wir feste Ansprechpartner/Teams für jeden Kunden bereitstellen, um eine kurze Reaktionszeit und ein genaues Verständnis der Bedürfnisse jedes Kunden zu gewährleisten.

5. Geschäftssystem und Organisation

Mit dem Marketingplan haben Sie den Sinn und Zweck Ihres Unternehmens aus Sicht des Kunden und des Kundennutzens ausgearbeitet. Nun muss der Kundennutzen auch physisch realisiert werden können. Es muss geregelt werden, welche Einzeltätigkeiten zu seiner Umsetzung erforderlich sind und wie sie in Form eines „Geschäftssystems" zusammenspielen: Alle zur Herstellung des Produktes oder zur Erbringung der Dienstleistung notwendigen Schritte müssen systematisch und kostengünstig ausgeführt werden und koordiniert ablaufen. Nur dann entsteht sowohl für die Kunden als auch für die Firma selbst ein wirtschaftlicher Nutzen. Damit ein Geschäftssystem funktionieren kann, muss auch geregelt werden, was es im Innern zusammenhält: Zu den organisatorischen Aspekten gehören Arbeitsaufteilung und Verantwortungen, Personalplanung, Führung und Unternehmenskultur. Von praktischer Bedeutung ist schließlich die Frage, welche Tätigkeiten die Firma selbst ausüben und welche Leistungen oder Produkte sie von externen Partnern beziehen will („make or buy").

In diesem Kapitel erfahren Sie,
- was ein Geschäftssystem umfasst und was Sie bei der Gestaltung berücksichtigen müssen;
- welche organisatorischen Fragen Sie beachten und regeln müssen;
- was Sie bei der Frage der Eigen- oder Fremdherstellung und der Partnerschaften beachten sollten.

What tips me off that a business will be successful is that they have a narrow focus of what they want to do, and they plan a sufficient amount of effort and money to do it. Focus is essential.

Eugene Kleiner
Venture Capitalist

DAS GESCHÄFTSSYSTEM

Jede unternehmerische Aufgabe besteht aus dem Zusammenspiel einer Reihe von Einzeltätigkeiten. Werden sie systematisch in ihrem Zusammenhang aufgezeichnet, wird ein „Geschäftssystem" erkennbar. Das Geschäftssystem beschreibt die Aktivitäten einer Firma, die zur Bereitstellung und Auslieferung eines Endproduktes an einen Kunden notwendig sind – zur besseren Übersicht zusammengefasst in „funktionale" Blöcke. Ein generisches Geschäftssystem, wie es für fast alle Industrien und Unternehmen zutrifft, ist in der Abbildung unten dargestellt.

Das Modell des Geschäftssystems eignet sich gut, die Geschäftstätigkeiten eines Unternehmens zu verstehen, systematisch zu durchdenken und transparent darzustellen.

Vom generischen zum spezifischen Geschäftssystem

Nehmen Sie das generische Modell als Ausgangspunkt für die Gestaltung Ihres eigenen Geschäftssystems. Damit es umsetzbar wird, müssen Sie es auf Ihre Situation übertragen und konkretisieren. Für eine Produktionsfirma ist es zum Beispiel sinnvoll, den Schritt „Produktion" in Teilschritte wie Einkauf, Rohmaterialbearbeitung, Teileherstellung und Montage zu zerlegen. Zusätzlich ist es vielleicht notwendig, den Schritt „Vertrieb" in Teilschritte wie Logistik, Großhandel und Einzelhandel aufzuspalten.

Was im Einzelfall sinnvoll ist, hängt stark von der Branche ab, in der Sie tätig sind, und natürlich von Ihrer Firma selbst. Das Geschäftssystem eines Computerherstellers unterscheidet sich augenfällig von jenem einer Fast-Food-Kette. Aber auch das Geschäftssystem eines Warenhauses wird bedeutend anders aussehen als jenes eines Direktversand-Unternehmens, obwohl beide zum Teil dieselben Produkte verkaufen. Allgemeingültige Regeln oder Standards für ein Geschäftssystem gibt es nicht: Ihr eigenes Geschäftssystem soll logisch aufgebaut, voll-ständig und für Ihre Planung nützlich sein. Lassen Sie es aber nicht zu komplex werden!

Fokus, Fokus, Fokus

Eine der Kernfragen des Geschäftssystems ist, auf welche Aufgaben und Tätig-keiten sich ein Unternehmen konzentrieren soll. Ein Team von drei bis fünf Personen wird nicht alle Aufgaben wirtschaftlich sinnvoll selbst ausführen können – sei es, weil die Fähigkeiten fehlen, sei es, weil dies nicht mit der nötigen Effizienz realisierbar wäre. Überlegen Sie sich zusammen mit Ihrem Unternehmerteam genau, mit welchen Tätigkeiten Sie wirklich Neues schaffen, wie Sie die eigene Zeit und die Zeit der Mitarbeiter am wirkungsvollsten einsetzen, damit Sie für Ihre Kunden den höchsten Nutzen schaffen und sich gegen die Konkurrenz am besten durchsetzen können. Das Stichwort heißt Fokus: Wenn Sie einmal verstanden haben, aus welchen Schritten Ihr Geschäftssystem besteht, wählen Sie jene aus, die Sie selbst besser ausführen können als irgendjemand anders. Die Entwicklung hin zur Spezialisierung ist ein allgemein zu beobachtender Trend in der Industrie.

Als Henry Ford seine Automobilfirma gründete, war es sein Ziel, sämtliche Stufen des Geschäftssystems selbst auszuführen; er kaufte sogar große Waldgebiete auf, um den Holznachschub für die Chassis des Model T zu sichern. Heute konzentriert sich Ford auf wenige Teile des Geschäftssystems, nämlich auf Entwicklung und Marketing. Produktion bedeutet für Ford heute nur noch Endmontage, alle anderen Pro-duktionsschritte werden von Unterlieferanten ausgeführt. Verkauf, Vertrieb und Service liegen in den Händen der unabhängigen Händler.

Für Start-ups ist Spezialisierung besonders wichtig; sie sollten ihre Energie voll auf wenige Schritte des Geschäftssystems ausrichten. Selbst der heutige Softwaregigant Microsoft konzentrierte sich zu Beginn ausschließlich auf die Entwicklung des Betriebssystems DOS; alle anderen Funktionen des Geschäftssystems wurden damals von IBM wahrgenommen.

Das Fallbeispiel FoldCon illustriert Geschäftsfokus und Geschäftssystem einer Firma mit einem innovativen neuen Produkt mit Patentschutz und geringer eigener Wertschöpfungstiefe. Die Firma konzentriert sich auf die Entwicklung des Produkts, abgesichert durch Patente, lagert die Produktion an Dritte aus und vertreibt ihre Produkte direkt an Schlüsselkunden.

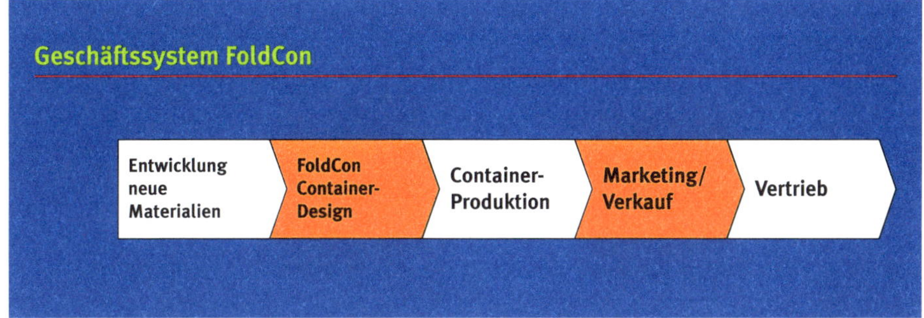

Organizations exist to enable ordinary people to do extraordinary things.

Ted Levitt
Herausgeber der Harvard Business Review

ORGANISATION

Ergänzend zum Geschäftssystem müssen Sie einige organisatorische Fragen bedenken. Für einen Start-up ist es allerdings nicht notwendig, auf dem Reißbrett eine aufwendige Organisation zu entwerfen. Fürs Erste entscheidend ist, dass Sie die Zuständigkeiten und Verantwortungen klar regeln, dass Sie eine einfache Organisation mit wenigen Stufen gestalten: Geschäftsleiter, Bereichsleiter, Mitarbeiter. Alles Weitere wird sich aus den Notwendigkeiten der Geschäftstätigkeit ergeben. Ihre Organisation muss flexibel sein und sich ständig neuen Gegebenheiten anpassen können – erwarten Sie, dass Sie in den ersten Jahren Ihre Firma wiederholt umorganisieren müssen.

Die schlagkräftige Organisation

Bereits bei der Zusammenstellung des Dream-Teams (siehe Kapitel 3 „Unternehmerteam") haben Sie sich Gedanken über die Arbeitsinhalte und Arbeitsabläufe Ihres Unternehmens gemacht und daraus die notwendigen „Kompetenzen" Ihres Unternehmens erfasst. Diese werden Sie nun anhand des Geschäftssystems in sinnvolle Bereiche gliedern. Legen Sie für jeden Bereich fest, wer für was verantwortlich ist (Arbeitsteilung und Verantwortungen). Wenn Sie dann noch übergreifende Funktionen wie Geschäftsleitung, Personal, Finanzen und Adminis-

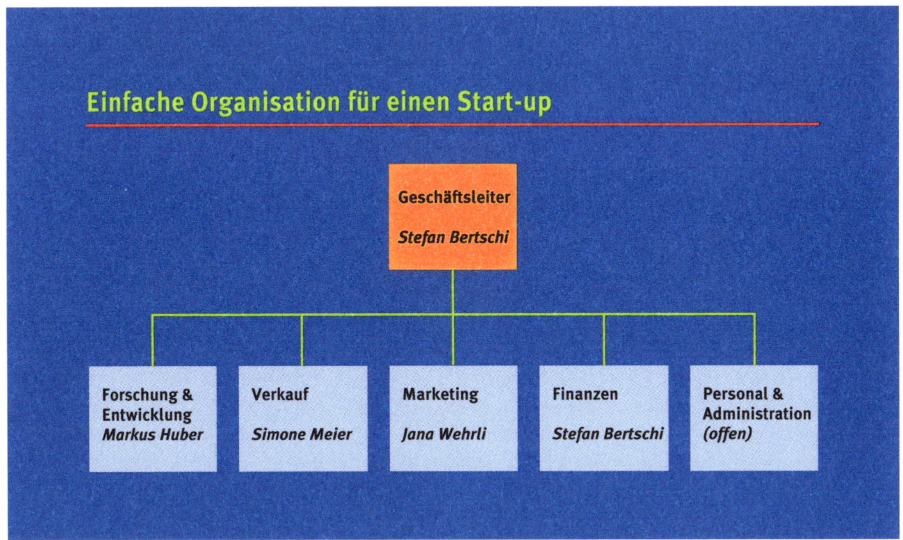

Kennzahlen zu Personalkosten

Die Personalkosten sind von verschiedenen Faktoren abhängig, zum Beispiel von der Branche, dem Alter der Mitarbeiter und der Ausbildung. Größenordnungen sind etwa Folgende:

Funktion	Jahresgehalt Tausend CHF	Jahresgehalt Tausend EUR
Geschäftsleiter	225'000	116'000
Personalleiter	190'000	95'000
Marketingleiter	160'000	85'000
Ingenieur	145'000	75'000
Chemiker – Biochemiker	145'000	75'000
Buchhalter	130'000	66'000
Assistent	95'000	50'000
Techniker	90'000	45'000
Telefonist	75'000	35'000

Arbeitgeberbeiträge, die zusätzlich zu den Lohnkosten anfallen (Lohnnebenkosten), betragen in der Schweiz ca. 20 bis 30 % des Lohnes, in Deutschland 40 bis 42 %

Informationsquelle:
Watson Wyatt 2005/2006

tration eingerichtet haben, ist Ihre Organisation funktionstüchtig. Mit einer einfachen Organisation sorgen Sie dafür, dass jedes Teammitglied klar vereinbarte Aufgaben übernehmen und selbstständig zu Ende führen kann. Eine gewisse Koordination muss natürlich sein: Der Rest des Teams soll nie so weit von der Funktion einer verantwortlichen Person entfernt sein, dass er ohne sie hilflos wäre.

Personalplanung

Mit dem raschen Aufbau der neuen Firma wird eine systematische Personalplanung unumgänglich. Wachstum erfordert mehr Personal – neue Mitarbeiter müssen rekrutiert, in die Organisation integriert und ausgebildet werden. Ein einfach strukturiertes Arbeitsumfeld hilft Ihnen, klare Stellenprofile zu erstellen und neue Mitarbeiter gezielt zu suchen. Beachten Sie dabei, dass qualifizierte und spezialisierte Arbeitskräfte nicht leicht zu finden sind. Vielfach werden Sie nicht darum herumkommen, gute Mitarbeiter von der Konkurrenz abzuwerben; bei einer Kündigungsfrist von bis zu sechs Monaten heißt das, frühzeitig zu planen!

Werte

Neben den eher formalen Aspekten der Organisation werden Sie sich auch mit „weichen" Faktoren befassen müssen. Wie jede Gemeinschaft entwickeln Unternehmen eigene Vorstellungs- und Handlungsmuster, die das Verhalten des Ganzen und des Einzelnen beeinflussen. Landläufig werden diese Werte und Normen unter dem Begriff Unternehmenskultur zusammengefasst. Werte werden zwar meist vom Gründerteam und seiner Vision geprägt; sie können aber auch vom Team explizit formuliert werden. Entscheidend ist: Werte müssen gelebt werden – und zwar von allen. Ein schönes „Leitbild" in goldenem Rahmen beruhigt bestenfalls das Gewissen. Wenn es Ihnen gelingt, eine Unternehmenskultur zu formen, die nach innen und außen positiv ausstrahlt, wird sich das als Wettbewerbsvorteil erweisen: Es sind nicht zuletzt die Werte, die ein Unternehmen für hervorragende Mitarbeiter langfristig attraktiv machen. Zur Unternehmenskultur im weiteren Sinne können auch Fragen des Salär- und Anreizsystems (z.B. Aktienoptionen oder leistungsabhängiger Bonus) gezählt werden.

> Wir sind immer für unsere Kunden da.

> Wir bleiben integer, auch wenn es uns zum finanziellen Nachteil gereicht.

> Wir setzen auf die Leistung des Ganzen, nicht des Einzelnen.

> Wir wollen *der* vertrauenswürdige Partner unserer Kunden sein.

> Wir honorieren außergewöhnliche Leistung.

> Wir schätzen unsere Mitarbeitenden als wertvollste Ressource.

> Wir arbeiten mit Energie, Leidenschaft und Respekt für unsere Kunden.

> Wir streben nach höchster Qualität in allem, was wir tun.

Der richtige Standort

Der richtige Standort kann für den Erfolg eines Unternehmens ein bestimmender Faktor sein. Je nach Geschäftstätigkeit kommt ihm mehr oder weniger große Bedeutung zu. Klassische Standortfaktoren sind zum Beispiel:

- Das rechtliche Umfeld: Haftungsregeln, Steuern.
- Das politische Umfeld: Eigentumsgarantie, Regulierung, Unterstützung durch die öffentliche Hand (Start-up-Hilfe).
- Das wirtschaftliche Umfeld: Konjunktur, Arbeitslosigkeit, Grundstückspreise und Mieten.
- Die Nähe zu Beschaffungs- oder Absatzmärkten (je nach Produkt).
- Der Zugang zu Fachpersonal und Know-how (in den meisten Branchen heute der Schlüsselfaktor).

Angesichts des zu erwartenden Wachstums müssen Sie damit rechnen, dass Ihr Unternehmen in den ersten fünf Jahren mehrmals den Standort wechselt. Sehen Sie deshalb von längeren Mietverträgen ab, und achten Sie bei der Auswahl von Räumen und Gebäuden auf Flexibilität.

Kennzahlen zu Büro- und Gewerbeflächen

Der Raumbedarf ist im Gewerbebereich direkt von der Tätigkeit abhängig.
Die Kosten für Büro- und Gewerbeflächen variieren je nach Standort stark.

Mittlere Mietpreise für Büroflächen	Miete (CH in CHF/D in EUR)
	pro m²/Jahr
CH: Agglomeration*	150–300
CH: City*	170–490
D: Städte**	70–170

Flächenbedarf	m² pro Person
Großraumbüros	9–10 m²
Einzelbüros	15–20 m²
Chefbüros	25 m²

Mittlere Mietpreise für Gewerbeflächen	Miete (CH in CHF/D in EUR)
	pro m²/Jahr
CH: Agglomeration*	60–200
CH: City*	60–330
D: Städte**	35–70

*   Zürich, Bern, Basel, Lausanne
** Hamburg, Stuttgart, München, Berlin

Informationsquellen:
Wüest & Partner, Immomonitoring 2007/2
IVG Gewerbepreisspiegel 2006/2007
Jones Lang LaSalle, Der Immobilienmarkt für Lagerflächen, Update Q3 06

„MAKE OR BUY" UND PARTNERSCHAFTEN

Wenn Sie den Kern Ihres Geschäfts festgelegt und das notwendige Geschäftssystem aufgezeichnet haben, müssen Sie sich überlegen, wer nun die einzelnen Schritte am besten ausführt. Aktivitäten, die außerhalb des gewählten Fokus liegen, sollten Dritten übertragen werden. Aber auch unterstützende Tätigkeiten innerhalb der neuen Firma müssen nicht unbedingt alle selbst ausgeführt werden. Dazu gehören zum Beispiel die Buchhaltung oder das Personalwesen. Bei jeder einzelnen Tätigkeit stellt sich grundsätzlich nochmals die Frage: „selber machen oder auswärts vergeben" – oder im Jargon des Betriebswirtschaftlers „make or buy".

Eigenerstellung oder Fremdvergabe

„Make-or-buy"-Entscheide müssen Sie bewusst und nach Abwägen aller Vor- und Nachteile treffen: Partnerschaften mit Lieferanten lassen sich oft nicht von einem Tag auf den andern auflösen, und manch ein Partner ist nicht ohne Weiteres ersetzbar, wenn er ausfällt. Stützen Sie sich bei Ihren „Make-or-buy"-Entscheidungen vor allem auf folgende Kriterien:

Strategische Bedeutung: Leistungen, die wesentlich zu Ihrem Wettbewerbsvorteil beitragen, sind für Ihr Unternehmen von „strategischer" Bedeutung. Diese Aufgaben müssen Sie unter eigener Kontrolle halten. Forschung und Entwicklung können von Technologiefirmen kaum aus der Hand gegeben werden, und ein Konsumgüterhersteller wird nie das Marketing abgeben.

Beste Eignung: Jede unternehmerische Tätigkeit erfordert spezifische Fähigkeiten, die im Unternehmerteam nicht unbedingt vorhanden sind. Ihr Unternehmerteam muss sich deshalb überlegen, ob es im konkreten Fall Sinn macht, eine bestimmte Aufgabe selbst auszuführen, ob Sie die notwendigen Fertigkeiten erlernen wollen oder ob es vorteilhafter wäre, die Aufgabe einer spezialisierten Firma zu übertragen. Ein Beispiel: Ein Team, das ein elektronisches Gerät entwickelt, beherrscht zwar die Elektronik, aber es verfügt nicht über ausreichende Fertigkeiten in der Produktion – es wird diese Aufgabe deshalb besser fremdvergeben. Spezialisierte Firmen können dank ihrer Erfahrung eine Aufgabe häufig nicht nur besser ausführen, sondern dank hohem Auftragsvolumen auch Kostenvorteile ausspielen.

Marktangebot: Bevor Sie einen Kaufentscheid treffen können, müssen Sie abklären, ob das Produkt oder die Dienstleistung in der gewünschten Form oder Spezifikation auf dem Markt erhältlich ist. Verhandeln Sie wenn immer möglich mit mehreren Anbietern: Sie kommen dabei meist zu besseren Konditionen und lernen gleichzeitig mehr über die einzukaufende Leistung. Oft können Sie einem Lieferanten sogar helfen, dessen Leistung zu verbessern. Falls für eine gewünschte Leistung kein Lieferant zu finden ist, können Sie vielleicht einen Partner finden, der bereit ist, die notwendigen Fähigkeiten zu entwickeln.

Partnerschaften

Jede Firma steht in einem Geschäftsverhältnis zu anderen Firmen, sei es als Lieferant oder als Käufer. Diese Beziehungen sind in ihrer Intensität und Qualität unterschiedlich; sie reichen von der ungebundenen, eher zufälligen Beziehung (eine Firma kauft ihr Büromaterial im Großmarkt mit dem günstigsten Angebot ein) bis hin zur strategischen Allianz, die zu intensiver Zusammenarbeit und gegenseitiger Abhängigkeit führt (zum Beispiel Microsoft und Intel).

Für ein neu gegründetes Unternehmen ist die Frage, wie es mit anderen Firmen zusammenarbeiten will, besonders relevant. Jede Art der Zusammenarbeit hat Vor- und Nachteile:

◆ Lose, unverbindliche Partnerschaften bedeuten für keine Seite eine große Verpflichtung. Beide Parteien können die Partnerschaft einfach und schnell beenden; beide leben aber auch mit der Unsicherheit, dass die Zulieferung oder der Absatz schnell versiegen kann. Zudem wird ein Lieferant nur teilweise auf die besonderen Bedürfnisse einer Kundenfirma eingehen, weil er individuell abgestimmte Produktmerkmale nicht für andere Kunden nutzen kann.

Lose Beziehungen sind deshalb typisch für Massenprodukte, Alltagsdienstleistungen und standardisierte Komponenten, für die leicht Ersatzkäufer und Ersatzlieferanten zur Stelle sind.

- ◆ Enge Partnerschaften sind durch zum Teil starke Abhängigkeit zwischen den Partnern geprägt; sie sind typisch für hoch spezialisierte Produkte und Dienstleistungen oder bei großem Handelsvolumen. In solchen Situationen ist es normalerweise für beide Seiten schwierig, kurzfristig den Partner zu wechseln oder große Mengen spezieller Bauteile innerhalb kurzer Zeit von einem anderen Hersteller zu beziehen oder auf dem Markt zu verkaufen. Der Vorteil für beide Seiten sind die Sicherheit einer festen Beziehung und die Möglichkeit, sich auf die eigenen Stärken zu konzentrieren und von den Stärken des Partners zu profitieren.

Damit eine Partnerschaft zu einer erfolgreichen Geschäftsbeziehung führt, müssen mehrere Voraussetzungen gegeben sein:

„Win-win"-Situation: Beide Seiten müssen aus der Partnerschaft gerecht verteilte Vorteile ziehen können; ohne Anreize für beide Seiten ist eine Partnerschaft längerfristig nicht tragbar.

Risiken und Investitionen: Partnerschaften bergen Risiken, die vor allem bei günstigem Geschäftsverlauf oft nicht gebührend beachtet werden. Ein Zulieferer mit einem Exklusivvertrag kann zum Beispiel in eine missliche Lage geraten, wenn sein Abnehmer plötzlich die Produktion drosselt und weniger Komponenten abnimmt; dies gilt umso mehr, wenn der Zulieferer spezialisierte Produktionswerkzeuge angeschafft hat, die nicht ohne Weiteres für andere Aufträge und Abnehmer verwendbar sind. Umgekehrt kann ein Abnehmer in große Schwierigkeiten geraten, wenn ein Zulieferer ausfällt (Konkurs, Feuer, Streik usw.). Risiken und mögliche finanzielle Belastungen müssen also im Voraus bedacht und gegebenenfalls in Verträgen geregelt werden.

Auflösung: Wie in zwischenmenschlichen Beziehungen kann es auch in Geschäfts-
beziehungen zu Spannungen und untragbaren Situationen kommen.
Legen Sie deshalb bei jeder Partnerschaft von Beginn an klar fest,
unter welchen Bedingungen sich ein Partner aus der Partnerschaft
zurückziehen kann.

Überlegen Sie sich bereits im Businessplan, wie und mit wem Sie später zusammenarbeiten werden. Partnerschaften bieten Ihrem noch jungen
Unternehmen die Chance, von den Stärken etablierter Firmen zu
profitieren und sich auf den Aufbau eigener Stärken zu konzentrieren. Auf diese Weise können Sie meist schneller wachsen, als es im
Alleingang möglich wäre.

Fragen, die Sie für dieses Kapitel bearbeiten sollten

1. **Geschäftssystem** – Wie sieht das Geschäftssystem für Ihr Unternehmen aus? Welches sind die wertschöpfenden Aktivitäten Ihres Unternehmens? Wo ist Ihr Unternehmen domiziliert?

2. **Organisation** – Aus welchen Unternehmensfunktionen besteht Ihre Organisation? Wie ist die Organisation strukturiert?

3. **Werte und Normen** – Welche Werte und Normen prägen Ihre Organisation (Unternehmenskultur)?

4. **Partnerschaft** – Was machen Sie selbst („make"), und was kaufen Sie zu („buy")? Mit welchen Partnern werden Sie zusammenarbeiten? Was sind die Vorteile der Zusammenarbeit für Sie und für Ihre Partner?

5. **Herstellung** – Wie ist die Produktion ausgestaltet? Welche Materialien benötigen Sie für die Produktion? Wer liefert diese Materialien? Was ist Ihre Produktionskapazität? Wie ist die Qualitätskontrolle aufgebaut, wie die Inventarkontrolle?

6. **Personalplanung** – Wie sehen Ihre personellen Bedürfnisse aus (in den nächsten fünf Jahren)? Gibt es Leute mit gewünschtem Anforderungsprofil auf dem Arbeitsmarkt, oder müssen Sie sie zuerst ausbilden?

7. **Mitarbeiter** – Wer sind die Mitarbeiter (Rollen, Fähigkeiten, Ausbildung)? Wie groß wird die Belegschaft sein? Wie sieht die Entlöhnung der Mitarbeiter aus? Wie werden fehlende Mitarbeiter rekrutiert?

Mögliche Gliederung im Businessplan
> Geschäftssystem
> Partnerschaften
> Organisationsstruktur
> Personalplanung
> Betriebsstandort

Geschäftssystem und Organisation

Das Geschäftssystem

Die FoldCon AG wird sich auf die Weiterentwicklung und Vermarktung von Faltcontainern konzentrieren. Das Unternehmen wird erheblich in die Verfeinerung der bereits entwickelten innovativen Faltcontainer sowie in eine umfassendere Vermarktung investieren.

Erste Partnerschaften werden mit ausgewählten Logistikanbietern aufgebaut, die auch als Erste von unserer Lösung profitieren und uns idealerweise bei der Weiterentwicklung der Container unterstützen sollen.

Wir werden alle Aspekte, von der Produktentwicklung bis hin zu Produktion, Vermarktung und Kundendienst, managen und für einen einheitlichen Auftritt gegenüber dem Kunden sorgen, auch wenn Produktion (und Distribution) der Container ausgelagert werden sollen.

Organisationsstruktur und Führungsstil

Das Führungsteam besteht aus den vier Gründungsmitgliedern, die die Rollen des Vorstands, des Leiters Finanzen, des Leiters Produktentwicklung und der Leiterin Marketing ausfüllen werden. Wir sind auf der Suche nach weiteren Mitgliedern zur Verstärkung unseres Managementteams. Daher können sich in der ersten Phase des Betriebs die derzeitigen Verantwortungsbereiche noch verschieben.

Das Management der FoldCon AG wird als Team einen kooperativen Führungsstil praktizieren. Die Vergütung wird strikt nach Leistung erfolgen; alle Mitglieder des Teams werden an der finanziellen Entwicklung des Unternehmens teilhaben. Ein Teil des Gründungskapitals ist der Schaffung eines solchen Anreizsystems vorbehalten.

Mit einer Hand lässt sich kein Knoten knüpfen.

Mongolisches Sprichwort

Business is like chess: To be successful, you must anticipate several moves in advance.

William A. Sahlmann
Harvard-Professor

6. Realisierungsfahrplan

Der Realisierungsfahrplan hat wesentlichen Einfluss auf die Finanzierung und die Risiken des Geschäfts: Sie helfen deshalb sich und Ihren Partnern, wenn Sie im Voraus die Zusammenhänge durchdenken und die Auswirkungen verschiedener Einflüsse analysieren.

Realistisches Planen ist nicht einfach; dies gilt vor allem, wenn Sie selbst wenig Erfahrung im Aufbau einer Firma haben, und erst recht, wenn niemand Erfahrung mit Ihrer Geschäftsidee hat – eigentlich die normale Situation eines Start-ups. Lassen Sie sich auch nicht davon abhalten, möglichst realistisch zu planen, wenn Sie daran denken, dass Ihr Plan rasch von der Realität eingeholt und überholt sein wird. Denn auf eine Planung zu verzichten, hätte mit großer Wahrscheinlichkeit fatale Folgen für Ihr Geschäft.

Planung ist ein Werkzeug – brauchen Sie es!
In diesem Kapitel erfahren Sie,
- wie Sie besser planen können;
- welche Folgen falsche Planung haben kann;
- wie Sie Ihre Planung im Businessplan präsentieren.

The seeds of every company's demise are contained in its business plan.

Fred Adler
Unternehmer

WIRKSAME PLANUNG

Für eine effiziente Planung spielen organisatorische und vorgehensmäßige Aspekte eine Rolle. Fünf einfache Regeln können Ihnen hier weiterhelfen:

1. Aufgaben in Arbeitspakete aufteilen

Beim Aufbau eines Unternehmens sind viele Detailarbeiten zu erledigen; umso wichtiger ist deshalb, dass Sie das Gesamte im Auge behalten. Komplexität lässt sich vermindern, wenn Sie einzelne Tätigkeiten in „Arbeitspakete" zusammenfassen. Der Businessplan sollte jedoch höchstens ein Dutzend solcher Arbeitspakete enthalten – die Verantwortlichen können ihre Arbeitspakete später selbst weiter unterteilen.

2. Meilensteine bestimmen

Bestimmen Sie in Ihrem Plan konkrete Meilensteine, an denen Sie messbare Ergebnisse liefern (zum Beispiel vollständiger Prototyp, erste abgeschlossene Installation beim Kunden). Ein Meilenstein ist erst erreicht, wenn auch das entsprechende Ziel zu 100 Prozent erfüllt ist.

3. Experten fragen

Nutzen Sie die Kenntnisse von Experten, um die wesentlichen Planungsschritte zu untermauern. Definitionsgemäß wird es keinen Experten für das ganze Geschäft geben, sehr wohl aber für die einzelnen Teile. Zum Beispiel kann Ihnen ein Marketingfachmann erläutern, wie lange es dauert, eine Marketingkampagne zu entwerfen und durchzuführen. Sollten die Zeitvorgaben eines Experten einmal Ihren Vorstellung zuwiderlaufen, hinterfragen Sie die Annahmen: Was müsste geändert werden, um schneller vorwärtszukommen? Bleiben Sie dabei realistisch.

4. Den kritischen Pfad beachten

Jede Gesamtplanung besteht aus einer Reihe von Ereignissen, die zum Teil sequenziell, zum Teil parallel ablaufen und die mehr oder weniger stark miteinander verknüpft sind. Jene Reihe von Aktivitäten, bei denen eine Verzögerung unweigerlich das Gesamtprojekt verzögert, nennt man den „kritischen Pfad". Es ist klar, dass Sie den Tätigkeiten auf dem kritischen Pfad Ihr besonderes Augenmerk schenken. Auch wenn Sie Zeit sparen wollen, kann dies nur über Aktivitäten auf dem kritischen Pfad geschehen.

5. Risiken reduzieren

Versuchen Sie, wenn immer möglich, risikomindernde Tätigkeiten an den Anfang zu nehmen. Zum Beispiel können Sie eine Marktbefragung sofort oder erst kurz vor Marktauftritt durchführen. Wenn Sie mit einer frühen Marktbefragung herausfinden, dass Ihre Geschäftsidee wirklich Potenzial hat, können Sie diese Daten nutzbringend in der Planung des Geschäftsaufbaus einsetzen.

MÖGLICHE FOLGEN FALSCHER PLANUNG

Bei der Planung müssen Sie immer wieder von Annahmen ausgehen. Dabei besteht die Gefahr, dass Sie zu optimistisch oder auch zu pessimistisch sind. Beides hat einschneidende Folgen für den weiteren Verlauf Ihrer Unternehmensgründung.

Die Folgen optimistischer Planung

Mit einer zu optimistischen Planung schaden Sie sich gleich doppelt: Zum einen verlieren Sie rasch an Glaubwürdigkeit – bei allen Partnern. Zum andern kann eine zu optimistische Planung das junge Unternehmen später rasch zu Fall bringen, etwa nach folgendem klassischem Muster:

◆ Ressourcen in Form von Sachanlagen und Personal werden nach Plan aufgebaut, und entsprechend fallen Kosten an. Im Jargon spricht man von einer hohen „burn rate", das heißt, Geld wird schnell aufgebraucht.

◆ Irgendetwas verzögert sich: Produktentwicklung, Markteintritt, Erreichen von Verkaufszielen. Damit ziehen sich auch die Einnahmen hinaus, und das bei laufenden Kosten für Ressourcen, die nicht ausgeschöpft werden. Das Unternehmen schreibt nicht nur Buchverluste, sondern verliert auch Cash.

◆ Unweigerlich geht das Geld aus, bevor der geplante Erfolg einsetzt. Es muss nach neuen Mitteln gesucht werden, und das in einer Notsituation.

◆ Können keine Investoren gefunden werden, geht das Unternehmen ein. Glauben die Investoren weiterhin an den Erfolg (das fällt nach dem Glaubwürdigkeitsverlust durch falsche Planung doppelt schwer), werden sie zwar weiter Geld einschießen, für den Unternehmer bedeutet es aber gleichzeitig eine oft empfindliche Beschneidung seiner Anteile, gegebenenfalls bis zum totalen Verlust seines Eigenkapitals.

Die Folgen pessimistischer Planung

Pessimistische oder konservative Planung erscheint auf den ersten Blick nicht so schlimm: Sie überraschen sich und Ihre Partner mit positiven Resultaten, alles ist besser, alles geht schneller als erwartet. Dennoch gilt: Eine zu pessimistische Planung kann ebenso große negative Folgen zeitigen, wie die folgenden zwei Szenarien zeigen:

◆ Das Geschäft hebt ab, aber die nötigen Ressourcen fehlen. Man kann versuchen, die Nachfrage mit den vorhandenen Ressourcen zu befriedigen; das wird unweigerlich zu Qualitätsproblemen führen und den langfristigen Erfolg des Unternehmens in Frage stellen. Oder man wächst nach Plan mit der Gewissheit, dass möglicher Umsatz verloren geht, und mit dem Risiko, dass ein Konkurrent ebenfalls ins Geschäft einsteigt. Auf jeden Fall geht wesentlicher Mehrwert für den Unternehmer und das Unternehmen verloren.

◆ Das Geschäft wächst schneller als erwartet. Wachstum bedingt jedoch Umlaufvermögen in Form flüssiger Mittel (Cash), meist auch Investitionen in die Produktion. Der Firma geht rasch einmal das Geld aus, auch wenn sie Buchgewinne verzeichnet. Für den Unternehmer hat das zur Folge, dass er frühzeitig mehr Geld suchen muss, was unter Zeitdruck zu schlechten Bedingungen führen kann. Am Ende lauert der Konkurs – das Phänomen ist deshalb auch als „sich bankrott wachsen" bekannt.

Seien Sie in Ihrer Planung ehrlich, und versuchen Sie, so realistisch wie möglich zu planen. Berücksichtigen Sie Ungewissheiten, indem Sie deren Risiken und Auswirkungen sauber abschätzen und offen darlegen.

PRÄSENTATION DER PLANUNG

Konzentrieren Sie die Darstellung Ihres Realisierungsfahrplans auf die wesentlichen Meilensteine und die wichtigsten Zusammenhänge. Drei Elemente werden in der Regel genügen:
◆ Gantt-Chart (siehe Glossar) zum Realisierungsverlauf,
◆ wichtige Meilensteine,
◆ wichtigste Zusammenhänge und Abhängigkeiten
zwischen den Arbeitspaketen.

Der Beispiel-Businessplan FoldCon zeigt eine konkrete Umsetzung dieser Präsentationsformen.

Auf einen Blick – Realisierungsfahrplan

Fragen, die Sie für dieses Kapitel bearbeiten sollten

1. **Aufgaben** – Welche Aufgaben kommen mit dem Wachstum auf Ihre Firma zu, und wie werden sie sinnvoll zu Arbeitspaketen zusammengefasst?
2. **Meilensteine** – Was sind die wichtigsten Meilensteine in der Entwicklung Ihres Unternehmens, und wann müssen sie erreicht sein?
3. **Kritischer Pfad** – Welche Aufgaben und Meilensteine hängen direkt voneinander ab? Welches ist der kritische Pfad, welches sind die zeitkritischen externen Ereignisse (Kapitalbedürfnisse, Produktentwicklung, Distributionsnetzwerk, Fertigstellung des Produkts etc.)?
4. **Kontrolle** – Wer überprüft die Einhaltung des Zeitplans? Was werden Sie tun, wenn Sie die Meilensteine nicht erreichen? Sind Ihre Ziele realistisch?

Informationsquellen

Interviews mit Experten in den Bereichen

- Technologie
- Software
- Verkauf
- Equipment
- Produktion
- Marketing

Mögliche Gliederung im Businessplan

> Meilensteine
> Zeitplan
> Zeitkritische Ereignisse

Realisierungsfahrplan

Wachstumsstrategie

Wir werden Wachstum erzielen, indem wir uns auf wenige große Kunden konzentrieren, die allmählich eine zunehmende Zahl Faltcontainer abnehmen, um einen Teil ihrer älteren Standardcontainer zu ersetzen. In den ersten zwei Jahren werden wir nur 20-Fuß-Container vermarkten. Ab dem dritten Jahr werden wir dann auch 40-Fuß-Container auf den Markt bringen.

Nach dem vollständigen Hochlauf (das heißt im Jahr 10) erwarten wir, die Hälfte des Markts der jährlich zu ersetzenden Container im Umfang von 5 Mio. TEU abgedeckt zu haben (dies entspricht einem Marktanteil von 10 % des Versandvolumens). Bei einer konservativen Schätzung gehen wir von einer gleich bleibenden Marktgröße aus.

	2008	2009	2010	2011	2012
Kunden	2	5	10	15	20
Verkaufte Einheiten, TEU	2'000	15'000	34'000	60'000	95'000
– 20-Fuß-Container	2'000	15'000	30'000	40'000	45'000
– 40-Fuß-Container	0	0	2'000	10'000	25'000
Marktanteil	0,08 %	0,60 %	1,36 %	2,40 %	3,80 %

	2013	2014	2015	2016	2017
Kunden	25	30	35	40	40
Verkaufte Einheiten, TEU	140'000	170'000	210'000	230'000	250'000
– 20-Fuß-Container	50'000	50'000	50'000	50'000	50'000
– 40-Fuß-Container	45'000	60'000	80'000	90'000	100'000
Marktanteil	5,60 %	6,80 %	8,40 %	9,20 %	10,00 %

Entwicklungsplan

In den ersten sechs Monaten des Bestehens werden wir uns vornehmlich um den Aufbau der Vertriebs- und Marketing- sowie der Produktentwicklungsteams kümmern. Wir werden die Prüfung und Verfeinerung der 20-Fuß-Prototypen abschließen und die Produktion aufnehmen, um mit der Auslieferung der ersten Einheiten an die Kunden beginnen zu können. Darüber hinaus werden wir zusätzliche Finanzierungsquellen erschließen müssen. Im zweiten Jahr werden wir unser Design für die 40-Fuß-Container weiterentwickeln und mit der Produktion und den Tests für die Pilotphase beginnen.

One of the greatest myths about entre-preneurs is that they are risk seekers. All sane people want to avoid risk.

William A. Sahlmann
Harvard-Professor

7. Risiken

Jedes Unternehmen – und wachstumsstarke neue Unternehmen im Besonderen – ist mit Risiken verbunden. Diese Risiken teilen Sie als Firmengründer mit den Investoren, die Ihr Projekt finanzieren. Mit einer ehrlichen und vollständigen Risikobetrachtung schaffen Sie Vertrauen – gegenüber den Investoren, aber auch für sich selbst. Mit der Betrachtung der Risiken im Businessplan zeigen Sie potenziellen Investoren, dass Ihre Geschäftsidee durchdacht ist. Verzichten Sie darauf, müssen potenzielle Investoren annehmen, dass Sie die Geschäftsidee oder den Geschäftsaufbau übermäßig optimistisch darstellen. Das macht hellhörig: Der Businessplan wird aufgrund eigener Erfahrung, vielleicht auch willkürlich, schlechter bewertet als er ist, oder sogar komplett verworfen. Bei aller Offenlegung der Risiken sollten diese im Businessplan aber nicht mehr Platz einnehmen als die im Vorfeld besprochenen Chancen: Wenn Ihre Geschäftsidee mehr Risiken aufweist als Chancen, stimmt wohl etwas mit der Geschäftsidee nicht!

In diesem Kapitel erfahren Sie,
- wie Sie Risiken erkennen;
- wie Sie Risiken anhand von Szenarien und Sensitivitäten bewerten und darstellen.

Venture capitalists can take a lot of bad news, but they hate surprises.

Jack Hayes
Unternehmer

ERKENNEN DER RISIKEN

Jedes Unternehmen ist Risiken ausgesetzt. Risiken lauern im Unternehmen selbst, und sie entstehen auch unentwegt im Marktumfeld der Firma. Risiken sind nichts Statisches: Risiken sind immer wieder neu zu beurteilen, neue Risiken müssen frühzeitig erkannt werden. Unternehmer müssen wachsam sein.

Zeigen Sie im Businessplan auch auf, welche Gegenmaßnahmen Sie zu treffen gedenken. Zum Beispiel können Sie sich gegen Wechselkursschwankungen bei Auslandsgeschäften absichern, Langzeitverträge mit wichtigen Lieferanten abschließen oder alternative Vertriebskonzepte vorbereiten.

Wo Risiken lauern – Beispiele

Im Unternehmen

> Der Verlust des Prototyps verzögert die Entwicklung und damit die Markteinführung?
> Die geschätzten Herstellungskosten fallen effektiv viel höher aus?
> Ein wichtiger Know-how-Träger wird von der Konkurrenz abgeworben?
> Ein Materialfehler in der Endproduktion verursacht hohe Kosten und verzögert die Auslieferung an die Kunden?

Im Umfeld

> Sie können nur halb so viel verkaufen wie erhofft?
> Ein Konkurrent bringt kurz nach Produkteinführung ein billigeres Alternativprodukt auf den Markt?
> Sie erhalten kein Patent für Ihr technisches Verfahren?
> Ihr Vertriebspartner beendet die Zusammenarbeit?
> Ein Rohstoff für Ihr Produkt verteuert sich unerwartet?
> Die geplante Produktionsweise wird durch strengere Vorschriften verunmöglicht?

It is easy to forecast numbers with today's software. Show me the business model and your assumptions.

Brian Wood
Venture Capitalist

SZENARIEN UND SENSITIVITÄTEN

Die Bewertung von Risiken ist eine Zukunftsbetrachtung. Risiken sind nie absolut, sondern nur aufgrund von Annahmen bewertbar. Diese werden gewöhnlich modellartig in Form von Szenarien ausgestaltet, die erlauben, das zukünftige Geschäft unter wechselnden Annahmen zu simulieren. Präsentieren Sie im Businessplan höchstens drei Szenarien. Üblich sind:

◆ Der „Normalfall" (base case scenario) – das heißt der nach bestem Wissen und Gewissen zu erwartende Fall.

◆ Der „günstigste Fall" (best case scenario) – das heißt, die angenommenen Chancen und positiven Bedingungen treten mehrheitlich ein

◆ Der „ungünstigste Fall" (worst case scenario) – das heißt, die angenommenen Risiken und ungünstigen Bedingungen treten mehrheitlich ein.

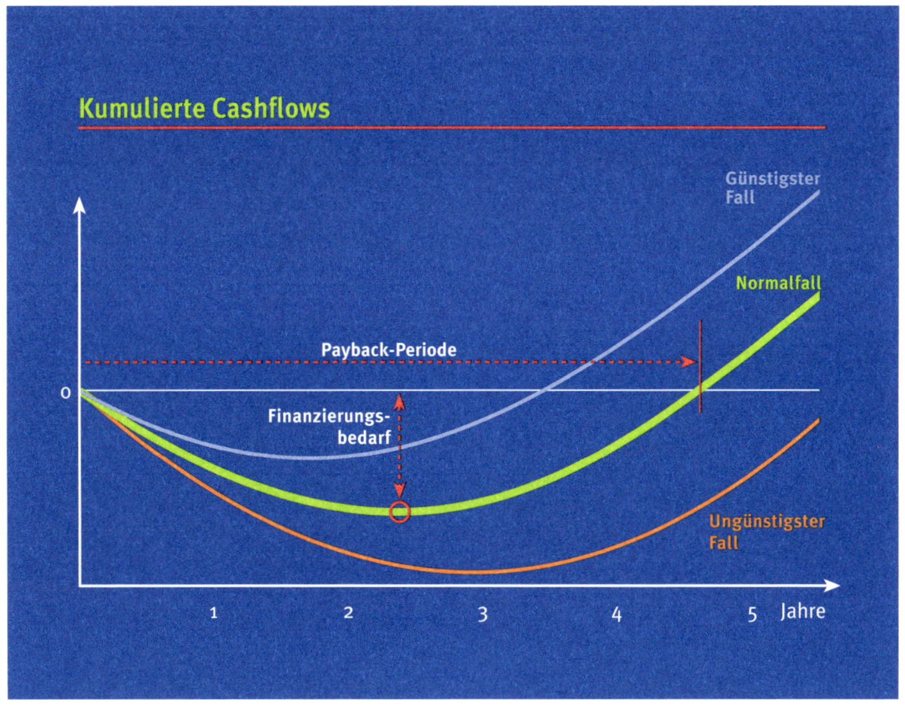

Aus diesen Szenarien resultieren Einsichten zum möglichen Geschäftsgang und zu den benötigten flüssigen Mitteln. Diese Erkenntnisse geben dem Unternehmerteam und potenziellen Investoren ein breiteres Bild der Zukunft der Firma. Zudem lässt sich anhand des „ungünstigsten Falles" eine konkretere Aussage über die Stabilität und das Gesamtrisiko des Geschäfts machen.

Beschreiben Sie die Szenarien im Businessplan kurz: Welche Ereignisse, Umsätze, Preise, Konstanten liegen dem Szenario zugrunde? Den Normalfall müssen Sie im Businessplan genau beschreiben; für die anderen Szenarien reicht es, das Ergebnis der Analyse in Form der drei wichtigsten Kennzahlen zusammenzufassen (die Fachbegriffe sind in Kapitel 8 „Finanzplanung" erklärt):

- **Finanzbedarf:** Wie viel Kapital ist zur Finanzierung des Unternehmens notwendig?
- **Zeit bis zum Break-even:** Wann wird der Cashflow positiv?
- **Internal Rate of Return (IRR):** Wie gut werden die Investitionen verzinst?

Mit einer Sensitivitätsanalyse lässt sich zusätzlich untersuchen, wie sich die Veränderung einer einzelnen Annahme auf das Gesamtmodell auswirkt. Beispielsweise kann man aufzeigen, wie sensitiv der Cashflow auf eine Veränderung des Produktpreises reagiert. Sie erkennen damit sehr schnell, auf welche Größen Sie besonders achtgeben müssen.

Fragen, die Sie für dieses Kapitel bearbeiten sollten

1. Analyse – Welche Risiken, die das Gelingen Ihres Unternehmens gefährden könnten, sehen Sie? Wie sehen die internen Risiken (Management, Produktion, Marketing, Finanzen) aus, wie die externen (Wirtschaft, Umwelt, Staat)?

2. Maßnahmen – Wie gehen Sie mit diesen Risiken um, und wie minimieren Sie ihren negativen Einfluss?

3. Szenarien/Sensitivitäten – Wie wirken sich die einzelnen Risiken quantitativ aus? Wie überlebt Ihr Unternehmen den „Worst Case"? Welche Handlungsalternativen haben Sie? Wie schnell und mit welchem finanziellen Aufwand werden Sie Maßnahmen ergreifen können? Welches sind die kritischen Größen Ihres Modells? *(Szenarien und Sensitivitäten werden in der Regel im Kapitel „Finanzplanung" vertieft.)*

Informationsquellen

> Interviews mit Experten
> Businessplan
> Zeitungen
> Venture Capitalists
> Analysen über die Gründe für das Scheitern ähnlicher Unternehmen

Mögliche Gliederung im Businessplan

> Endverbraucherseite
> Firmenseite
> Wettbewerb

Risiken

Nachfrageseite: Werden die Reedereien den größten Teil ihrer Container durch unser Modell ersetzen?

Das Echo der Reedereien wird davon abhängen, ob sie einen tatsächlichen Nutzen erzielen werden. Zunächst wollen wir den Nutzen unserer Faltcontainer bei den ersten Kunden genau beobachten, um zu gewährleisten, dass wir die versprochenen Einsparungen und das Leistungsvermögen erfüllen.

Dennoch gehen wir davon aus, dass die Reedereien unsere Container nur für jenen Anteil ihres Transportvolumens verwenden werden, bei dem ein Handelsungleichgewicht besteht.

Angebotsseite: Wird unser Produktionspartner die geforderte Menge und Qualität liefern können?

Wir haben eine Produktionsvereinbarung mit einem Hersteller in China abgeschlossen und erste Gespräche mit alternativen Herstellern aufgenommen. Somit können wir auf zusätzliche Produktionskapazitäten zugreifen, falls die Nachfrage höher als erwartet ausfallen sollte. Diese Verträge umfassen auch Strafklauseln für den Fall, dass die vertraglich festgelegte Produktionsmenge und -qualität nicht erbracht werden.

Wettbewerb: Werden Konkurrenten Container mit demselben Leistungsvermögen bauen können?

Unser innovativer Faltcontainer ist durch eine Reihe von Patenten geschützt. Auch die verwendeten Materialien sind patentiert.

Dennoch erwarten wir, dass die bestehenden Containerhersteller versuchen werden, neue Designs zu entwickeln und mit neuen Materialien zu experimentieren, um unsere Kernideen nachzuahmen, sobald sich diese bewährt haben. Doch dieser Prozess wird unseren Schätzungen nach zu lange dauern, um eine echte Bedrohung darzustellen.

Die aktuellen Anbieter von Faltcontainern müssten zudem ihre Produkte vollkommen überarbeiten. Dies könnte möglicherweise drei bis vier Jahre Forschung in Anspruch nehmen, bevor ein vergleichbares Produkt entwickelt werden kann.

Außerdem werden wir stark in F&E investieren, um dafür zu sorgen, dass unser Produkt den technischen Entwicklungen unserer Mitbewerber immer einen Schritt voraus ist.

What kind of numbers do we like to see? The more mature a business is, the more we rely on numbers. For a newer business, the numbers matter less and the words matter more.

Robert Mahoney
Investment Banker

8. Finanzplanung

Eine solide Finanzplanung ist für den Aufbau und das Gedeihen eines jeden Unternehmens unerlässlich. Im Finanzplan werden die Überlegungen, die Sie in den vorherigen Kapiteln Ihres Businessplans angestellt haben, quantifiziert. Die Instrumente dafür sind die Erfolgsrechnung, die Bilanz und die Cashflow-Rechnung. Eine wichtige Größe der Finanzplanung, die häufig ungenügende Beachtung erhält, sind die flüssigen Mittel (Cash): Sie müssen jederzeit sicherstellen, dass Ihre Firma liquid ist und den laufenden Verbindlichkeiten nachkommen kann. Weil das Unternehmerteam in den seltensten Fällen alle benötigten Mittel selbst aufbringen kann, gehört zur Finanzplanung schließlich auch die Frage der Finanzierung des Unternehmens bzw. der Herkunft der Mittel. Eine derart umfassende Finanzplanung ist nicht nur eine ständige Richtschnur für das Unternehmerteam. Sie ist auch ein wertvolles Instrument für die Kommunikation mit Investoren, Banken und den Mitarbeitern.

In diesem Kapitel erfahren Sie,
- wie Sie einen Finanzplan erstellen;
- warum flüssige Mittel für ein Unternehmen so wichtig sind („cash is king");
- wie ein Unternehmen finanziert werden kann;
- wie Sie die Rendite des Kapitalgebers berechnen;
- was Sie über Erfolgsrechnung, Bilanz und Cashflow-Rechnung wissen sollten.

Investors feel
a lot better
about the risk
if the venture's
endgame is
discussed upfront.

William A. Sahlmann
Harvard-Professor

ENTWICKLUNG DES FINANZPLANS

Ein Unternehmen sollte jederzeit die wesentlichen finanziellen Angaben zum Geschäftsgang kennen. Diese Informationen stellen Sie mit der Finanzplanung bereit. Dabei gilt es, die Entscheide und Annahmen, die Sie in den vorherigen Kapiteln des Businessplans formuliert haben, mit konkreten Zahlen zu hinterlegen. Eine ausgeklügelte Finanzrechnung ist für Start-ups nicht notwendig, da Voraussagen von Natur aus ungenau sind, bei einer neuen Firma umso mehr. Auf folgende Fragen muss Ihr Businessplan aber auf jeden Fall Antwort geben:

◆ Wie viel Umsatz und Gewinn wird das etablierte Unternehmen über die Zeit erzielen?

◆ Wie viel Geld braucht das Unternehmen über welchen Zeitraum?

◆ Auf welchen Annahmen bauen die Voraussagen auf?

Minimalanforderungen an die Finanzplanung im Businessplan sind deshalb:

◆ Gewinn- und Verlustrechnung, Bilanz, Cashflow-Rechnung;

◆ Voraussagen über fünf oder mehr Jahre, mindestens aber ein Jahr; über den Break-even, das heißt über das Erreichen eines positiven Cashflows hinaus;

◆ das erste Jahr quartalsweise aufgeteilt, danach jährlich;

◆ sämtliche Zahlen mit Annahmen unterlegt (im Businessplan sind nur die wichtigsten auszuweisen).

Investoren werden sich anhand der Informationen im Finanzplan ein Bild darüber machen, inwieweit das Geschäftsvorhaben realistisch und erfolgversprechend ist. Erst wenn das Vorhaben als finanziell attraktiv erachtet wird, besteht auch die Bereitschaft, das Risiko einer Investition einzugehen.

Bedeutung der Annahmen

Weil Ihr Finanzplan auf Projektionen basiert, sind die Annahmen, die Sie im Businessplan getroffen haben, der Ausgangspunkt Ihrer Berechnungen. Sie erklären dem Investor, wie die Zahlen zustande gekommen sind. Um möglichst schnell einen Überblick über die Berechnungsgrundlagen zu erhalten, stellen Sie alle Annahmen zu den Kerngrößen Ihres

Businessplans am besten in einer Tabelle nochmals zusammen. Prüfen Sie Ihre Annahmen kritisch und vergleichen Sie sie mit Durchschnittswerten aus verwandten Industrien (vgl. zum Beispiel Tabellen S. 156 und 160). Achten Sie darauf, dass Ihre Annahmen mit den Zielen und Entscheidungen übereinstimmen, die Sie im Businessplan formulieren.

Vorgehen zur Finanzplanung

Gewinn-und-Verlustrechnung, Bilanz und Cashflow-Rechnung sind nicht isoliert zu sehen. So wirken sich zum Beispiel Abschreibungen auf die Erfolgsrechnung (Erhöhung des Aufwands) und die Bilanz (Reduktion der Sachanlagen) aus. Bei jeder Änderung müssen die Zahlen in den einzelnen Rechnungen deshalb wieder aufeinander abgestimmt werden. Die Grundlagen der Finanzrechnung vermittelt der theoretische Exkurs „Grundlagen der Finanzrechnung" ab Seite 152. Dem betriebswirtschaftlich nicht vorgebildeten Leser wird empfohlen, diese Passagen vorab zu studieren.

Gehen Sie bei der Finanzplanung in folgender Reihenfolge vor:

1. Erfolgsrechnung: Durch den Vergleich von Umsatz und anfallenden Aufwänden orientiert die Erfolgsrechnung über die Quellen des Unternehmungserfolges. Sie ist stark mit den beiden anderen Finanzrechnungen verknüpft: Größen wie Abschreibungen und Nettoerfolg finden sich in der Bilanz wieder, liquiditätswirksame Erträge und Aufwände in der Cashflow-Rechnung.

2. Bilanz: Die Bilanz gibt Auskunft über Herkunft und Verwendung des Unternehmenskapitals. Die Bilanz ist mit der Erfolgsrechnung eng gekoppelt, zum Beispiel das Eigenkapital mit dem Jahresgewinn/-verlust. Bilanzveränderungen fließen in die Cashflow-Rechnung ein.

3. Cashflow-Rechnung: Die Cashflow-Rechnung gibt Aufschluss über den Liquiditätsstand des Unternehmens sowie über Verbrauch und Freisetzung von flüssigen Mitteln in einer Periode. Sie ist damit gerade auch für Start-ups ein eminent wichtiges Instrument für die Sicherung des

längerfristigen Überlebens. Die Cashflow-Rechnung entsteht aus der Verknüpfung von Bilanz und Erfolgsrechnung. Sie unterscheidet sich von der Erfolgsrechnung, indem sie sich auf die tatsächlichen Geldströme abstützt.

Die mechanischen Vorgänge der Finanzplanung, wie zum Beispiel Bilanzpositionen addieren, lassen sich mit elektronischen Hilfsmitteln vereinfachen. Obwohl mittlerweile eine Vielzahl spezieller Software-Programme auf dem Markt ist, ist es ratsam, eine eigene Tabellenkalkulation (zum Beispiel mit Microsoft Excel) einzurichten. Sie sind damit gezwungen, sich nochmals intensiv mit den finanziellen Vorgängen Ihres Unternehmens auseinanderzusetzen.

LIQUIDITÄTSPLANUNG: CASH IS KING

Ihr Produkt ist fertig entwickelt, viele Kunden sind bereits dafür gewonnen, Ihr Unternehmen hat einen beträchtlichen Wert, wenn man von den zukünftig anfallenden Erlösen ausgeht. Ihre Bücher weisen Gewinne aus, und Ihr Eigenkapital (das Unternehmensvermögen) nimmt stetig zu. Und trotzdem: Das Monatsende naht, Löhne, Miete, Telefonrechnungen sind fällig, und auf Ihrem Bankkonto befinden sich gerade 500 EUR. Zwar stehen noch Kundenrechnungen über 25'000 EUR aus, aber wegen Ihrer großzügigen Zahlungsbedingungen können Sie nicht darauf zählen, dass bis zum Monatsende ein ausreichend großer Betrag eingeht. Fazit: Sie werden die auf Sie zukommenden Forderungen nicht begleichen können – Sie sind zwar weit über die Erwartungen erfolgreich und trotzdem zahlungsunfähig!

Eine grundsätzlich gute Ertragslage nützt wenig, wenn Sie nicht über genügend Bargeld (Liquidität) verfügen. Ihre Firma dagegen müsste schon einen Bankkredit aufnehmen, und der ist auf die Schnelle nicht so leicht zu bekommen. Mit einer sorgfältigen Liquiditätsplanung hätten Sie den Liquiditätsengpass allerdings schon Monate im Voraus erkannt und damit genügend Zeit gehabt, sich um einen Kredit zu bemühen.

Sie werden zu Beginn Ausgaben tätigen müssen, ohne dass bereits Geld eingenommen wird. Geld fließt vorerst per Saldo ab – der Cashflow ist negativ. Die Cashflows werden bis zum Break-even – dem Zeitpunkt, an dem die Bargeldausgaben durch die Zahlungseingänge ausgeglichen werden – negativ sein. Die Summe aller negativen Cashflows bis zum Break-even muss vorgängig finanziert sein. Wenn Sie also erwarten, dass Ihre Firma kumuliert 1,9 Mio. EUR Bargeldabfluss haben wird, dann sollten Sie vor der Firmengründung sicherstellen, dass mindestens 1,9 Mio. EUR finanziert sind (um Liquiditätsengpässe zu vermeiden, etwas mehr). Oder Sie müssen zumindest wissen, wann und wie Sie das restliche Geld auftreiben können. Zur Planung dieser Liquidität dient die Cashflow-Rechnung.

FINANZIERUNGSQUELLEN FÜR NEUE UNTERNEHMEN

Wenn Sie einmal wissen, wie viel Kapital Sie für Ihr Unternehmen benötigen, stellt sich die Frage nach der Beschaffung. Meist werden die berechneten Mittel nicht alle auf einmal benötigt, sondern sie verteilen sich über die verschiedenen Entwicklungsstadien des Unternehmens. Die Abbildung zeigt, welche Art von Kapital in den verschiedenen Stadien üblicherweise verfügbar ist: in der Seed-Phase vor allem persönliche Ersparnisse und Geld von der Familie, in der Start-up-Phase Geld von Business Angels und „early stage" Venture Capital, in der Expansion vor allem „later stage" Venture Capital.

In der Regel steht den Unternehmen eine Vielzahl von Finanzierungsquellen offen. Grundsätzlich wird zwischen Eigenkapital (Mittel der Eigentümer) und Fremdkapital unterschieden. Fremdkapitalgeber verlangen häufig, dass ihr Geld in irgendeiner Form abgesichert wird, zum Beispiel über eine Hypothek. Zusätzlich verlangen die Kapitalgeber meist, dass bestimmte Buchhaltungskennzahlen sich in einem festgelegten Rahmen bewegen, damit der Kredit nicht zurückgezogen wird.

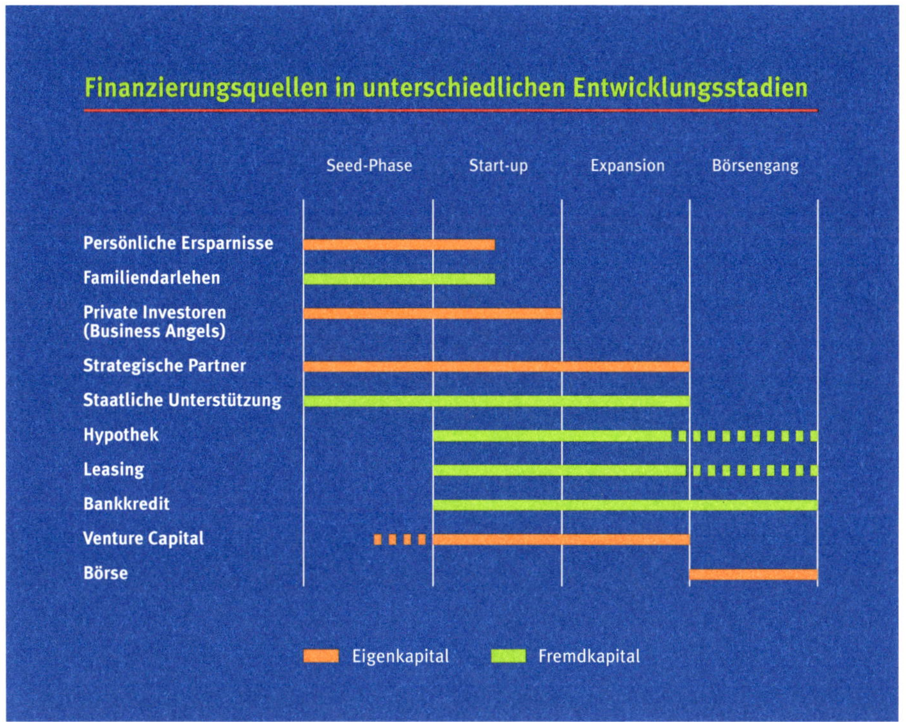

Familiendarlehen

◆ Eignung: zur Beschaffung von „seed money".

◆ Voraussetzungen: Familienmitglieder/Freunde mit liquiden Mitteln und Risikobereitschaft.

◆ Vorteile: einfacher, formloser Prozess, teilweise äußerst günstige Konditionen, direkte persönliche Beziehung zum Darlehensgeber, steuerlich abzugsfähige Zinszahlungen.

◆ Nachteile: Darlehenshöhe meist beschränkt, Risiken werden auf Familienmitglieder/Freunde abgewälzt, unter Umständen übergebührliche Einmischung des Darlehensgebers aufgrund persönlicher Beziehung.

Private Investoren (Business Angels)

◆ Eignung: vor allem für Seed-Phase und Start-up.

◆ Voraussetzungen: je nach Investor wie Familiendarlehen oder Venture Capital.

- ◆ Vorteile: meist bessere Konditionen als professionelle Venture Capitalists.
- ◆ Nachteile: meist weniger Zeit und Energie, um dem Unternehmerteam in Schwierigkeiten unter die Arme zu greifen.

Staatliche Unterstützung

- ◆ Eignung: von der Seed-Phase bis zur Expansion (zum Beispiel Forschungs- oder Arbeitsbeschaffungsprogramme).
- ◆ Voraussetzungen: gute Kenntnis der Möglichkeiten, Erfüllung der Bedingungen.
- ◆ Vorteile: meist sehr günstige Konditionen (zinslose Darlehen, à fonds perdu, lange Rückzahlungsfristen).
- ◆ Nachteile: manchmal bürokratischer Prozess, lange Wartezeiten, Rapportierungsauflagen.

Hypotheken

- ◆ Eignung: zur Finanzierung von Betriebsgrundstücken und -gebäuden und für langfristige Investitionen in Betriebsmittel (Maschinen usw.).
- ◆ Voraussetzungen: belehnbares Grundstück oder Gebäude.
- ◆ Vorteile: langfristige, gut kalkulierbare und relativ günstige Konditionen, keine Verwässerung der Eigentumsrechte am Unternehmen, steuerlicher Abzug der Zinszahlungen, niedrige Rückzahlungsraten über langen Zeitraum.
- ◆ Nachteile: vollständige Finanzierung der belehnten Objekte in der Regel nicht möglich.

Leasing (Kaufmiete)

- ◆ Eignung: zur Finanzierung von Maschinen, Geräten, Fahrzeugen usw.
- ◆ Voraussetzungen: Leasing-Gegenstand muss leicht weiter veräußerbar sein – keine Spezialmaschinen.
- ◆ Vorteile: vollständige Finanzierung der Objekte, keine Verwässerung der Eigentumsrechte am Unternehmen, steuerlich abzugsfähige Zinszahlungen, teilweise Flexibilität zum Tausch/zur Rückgabe bei geänderten Bedürfnissen an Vermögensgegenstand (zum Beispiel leistungsfähigere Maschine erforderlich).
- ◆ Nachteile: limitiert auf Lebensdauer der geleasten Vermögens-

gegenstände, höhere Zinsen gegenüber anderen Finanzierungsmöglichkeiten, teilweise Ablösungszahlung am Ende der
Leasingdauer.

Bankkredite

- Eignung: ab Start-up zur Beschaffung von kurzfristigem Betriebs-
  kapital.
- Voraussetzungen: gesichert durch Debitoren (ausstehende
  Zahlungen der Kunden) oder Lagerbestände.
- Vorteile: sehr flexibel, den jeweiligen – auch saisonalen –
  Bedürfnissen anpassbar, keine Verwässerung der Eigentumsrechte
  am Unternehmen, steuerlicher Abzug der Zinszahlungen.
- Nachteile: Sicherheiten erforderlich, eingeschränkte Handlungs-
  freiheit durch Minimalanforderungen an Zahlungsfähigkeit des
  Unternehmens.

Venture Capital

- Eignung: ab Start-up bis zum Börsengang.
- Voraussetzungen: fundierter Businessplan vorhanden, Geschäft
  mit hohen Wachstumszielen, vollständiger Ausstieg der Investoren
  bei Realisierung muss möglich sein.
- Vorteile: hohe Erwartungshaltung, Beratung und aktive Unterstützung des Managements, hilft bei der Realisierung, keine laufenden Kosten (Zinsen, Darlehensrückzahlungen).
- Nachteile: schwierig und nur unter großem Zeitaufwand zu erhalten,
  starke Verwässerung der Eigentumsrechte, Verlust der Kontrolle über
  das Unternehmen bei Nichterreichen der Zielvorgaben möglich.

Investoren beurteilen den Erfolg einer Investition anhand der Rendite, die sie mit dem eingesetzten Kapital erzielen werden. Die zu erwartende Rendite sollte deshalb im Businessplan auf einen Blick ersichtlich sein.

Im Fallbeispiel FoldCon investieren die Gründer und Kapitalgeber in den ersten Jahren insgesamt 10,5 Mio. EUR (0,5 Mio., 4,5 Mio. und 5,5 Mio.). Nach fünf Jahren wird bei einem Verkauf ein Erlös von 39 Mio. EUR erwartet. Dies entspricht einem impliziten Kurs-Gewinn-Verhältnis von 5, angewendet auf den Reingewinn von 7,8 Mio. EUR im Jahr fünf. Wie hoch ist in diesem Fall die Rendite?

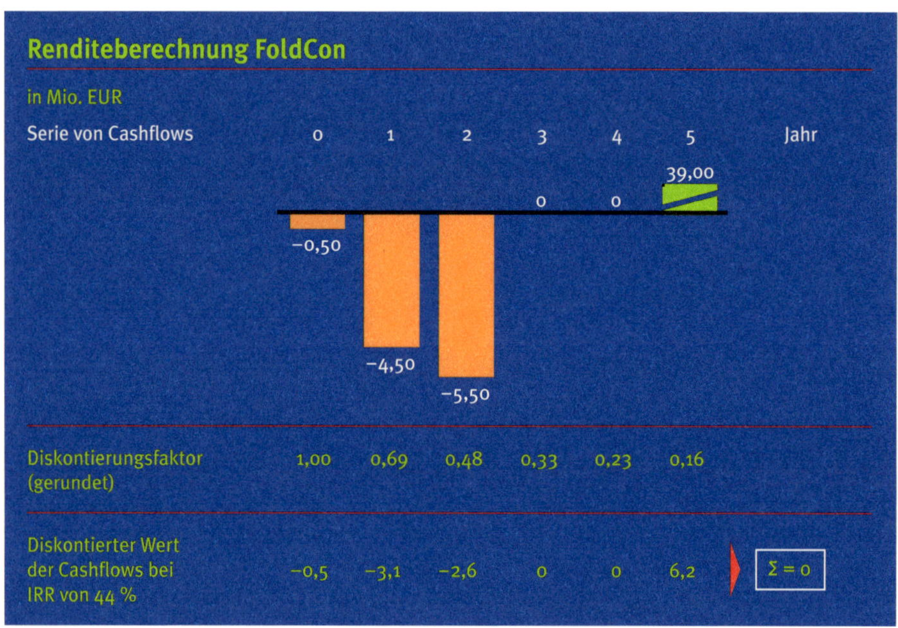

Aus Sicht der Investoren sind alle Gelder, die in die neue Firma gesteckt werden, zuerst einmal negative Cashflows. Nach dem Break-even wird die Firma ihre positiven Cashflows nicht gleich als Dividende auszahlen, sondern damit vorerst ihre Bilanz stärken. Die Investoren erhalten erst bei der Realisierung einen Cashflow. Weil die Cashflows in verschiedenen Jahren erfolgen, müssen sie diskontiert, das heißt, auf den heutigen Stand zurückgerechnet werden (Zins- und Zinseszins-Effekt). Näheres zum Thema Diskontierung finden Sie ab Seite 225.

Hinter dem Diskontieren, das auch beim Bestimmen des Unternehmenswertes relevant ist, steckt folgende Überlegung: Stellen Sie sich vor, eine Tante will Ihnen 1'000 EUR schenken und lässt Ihnen die Wahl, den Betrag heute oder erst nach zwei Jahren zu bekommen. Wie werden Sie entscheiden? Als Unternehmer werden Sie die 1'000 EUR heute nehmen und investieren. Denn bei einem Zins von zum Beispiel 3 % p.a. haben Sie nach einem Jahr ein Vermögen von 1'030 EUR und im zweiten Jahr bereits 1'061 EUR. Beim Diskontieren gehen Sie den umgekehrten Weg: Sie rechnen den Betrag zurück, indem Sie die 1'000 EUR mit dem Kehrwert – dem sogenannten Diskontierungsfaktor – multiplizieren. Bezogen auf heute stehen beim hier angenommenen Anlagehorizont von zwei Jahren also 1'000 EUR oder 943 EUR zur Wahl.

Für die Berechnung der Rendite ist die Messgröße die Internal Rate of Return (IRR), zu deutsch Interne Verzinsung. Die IRR ist derjenige Diskontsatz, bei dem die Summe aller positiven und negativen Cashflows, diskontiert auf den heutigen Tag, null ergibt. Im Beispiel beträgt die IRR für das Projekt FoldCon 44 %, das heißt, die Investoren und Gründer erhalten für das eingesetzte Kapital eine jährliche Rendite von 44 %. Angesichts der Risiken ist dieser Wert eine übliche Renditeerwartung.

Zur Berechnung der IRR ist auf den meisten Taschenrechnern und in Tabellenkalkulationsprogrammen eine spezielle IRR-Funktion vorgesehen (zum Beispiel in Excel: Funktion IRR()). Die Berechnung kann auch iterativ von Hand erfolgen.

EXKURS: GRUNDLAGEN DER FINANZRECHNUNG

Eine Finanzrechnung besteht aus drei Elementen: Erfolgsrechnung (Gewinn-und-Verlustrechnung), Bilanz und Cashflow-Rechnung. Die Erfolgsrechnung zeigt den wirtschaftlichen Erfolg während einer Periode, zum Beispiel während eines Jahres. Die Bilanz ist das Abbild der Vermögens- und Finanzlage des Unternehmens an einem Stichtag, zum Beispiel am Jahresende. Die wichtigste Rechnung für die Planung und Gründung einer neuen Unternehmung ist die Cashflow-Rechnung. Sie zeigt dem Unternehmer und seinen Investoren, welche flüssigen Mittel vom Unternehmen in einer Periode verbraucht bzw. freigesetzt werden.

Die folgenden Ausführungen zur Finanzrechnung richten sich vor allem an den betriebswirtschaftlich nicht vorgebildeten Leser. Sie sollen das Verständnis dieser komplexen Materie erleichtern und die Grundlagen zu jenen Aspekten der Finanzplanung liefern, die in einem professionellen Businessplan zu berücksichtigen sind. Die angeführten Beispiele sind deshalb vereinfacht; die verwendeten Begriffe sind nach praktischen, nicht nach wissenschaftlichen oder rechtlichen Kriterien definiert. Die Darstellungen entsprechen somit nicht in allen Belangen den gesetzlichen Anforderungen, die beispielsweise ein operativ tätiges Unternehmen beim Jahresabschluss erfüllen muss.

DIE ERFOLGSRECHNUNG *(profit and loss statement)*

Die Erfolgsrechnung listet Erträge und Aufwendungen eines Unternehmens auf. Die Erfolgsrechnung dient einem doppelten Zweck: Zum einen zeigt sie das Endergebnis – den Gewinn oder Verlust – der Geschäftstätigkeit einer Periode auf (Zeitraumbetrachtung im Gegensatz zur Zeitpunktbetrachtung der Bilanz), zum andern zeigt sie auf, aus welchen Komponenten sich der Erfolg des Unternehmens zusammensetzt und wie sich die Komponenten zueinander verhalten. Beispielsweise lässt sie erkennen, wie viel Prozent des Gesamtaufwands der Personalaufwand beträgt oder welcher Anteil des Umsatzes für den Materialeinkauf aufgewendet wird.

Hinweise zum Erstellen der Erfolgsrechnung

Schlüsselgröße für die Planung der Erfolgsrechnung ist eine fundierte Umsatzprognose. Die Kernfrage lautet: Wann, wo, mit welchen Produkten oder Dienstleistungen kann ich mit welchen Kunden wie viel Umsatz realisieren? Diese Frage können Sie auf zwei Arten beantworten: In der ersten Variante gehen Sie von oben nach unten („top down") vor, indem Sie analysieren, wie sich der Umsatz auf einzelne Faktoren herunterbrechen lässt und wie sich diese wahrscheinlich entwickeln werden. Mit den Faktoren „Schweizer Bevölkerung", „Einkommen pro Kopf" und „Anteil der Ausgaben für Ferien" lassen sich beispielsweise die Ausgaben der Schweizer Bevölkerung für Ferien berechnen; geht nun zum Beispiel das Einkommen pro Kopf zurück, hat dies Einfluss auf das Ferienumsatzvolumen. Bei der zweiten Variante schätzen Sie den Umsatz von unten nach oben („bottom up"), indem Sie den Absatz der einzelnen bekannten potenziellen Käufer schätzen und zu einem Gesamtvolumen addieren.

Informationen zu den Aufwandsposten entnehmen Sie den einzelnen Kapiteln Ihres Businessplans. Aus der Personalplanung können Sie zum Beispiel den Personalaufwand berechnen, aus den Angaben zum Produkt den Waren- und Materialaufwand, aus den Überlegungen zu Geschäftssystem und Organisation die Mieten.

Die Differenz von Ertrag und Aufwand ergibt den operativen Erfolg (Gewinn oder Verlust). Von diesem ziehen Sie nun noch den Zins- und Steueraufwand ab und Sie erhalten den Nettoerfolg.

Erläuterungen zu den Posten der Erfolgsrechnung

Ertrag (revenue)

Zum Umsatz zählen sämtliche Erlöse, die aus dem Verkauf von Produkten oder Dienstleistungen entstehen.

Waren- und Materialaufwand (cost of materials)

Alle Kosten, die durch den Verbrauch von Materialien entstehen, werden unter diesem Posten erfasst. Dazu gehören beispielsweise die verwendeten

Beispiel einer einfachen Erfolgsrechnung *Muster AG*

in Tausend EUR	Geschäftsjahr 2010
Ertrag	
Umsatz aus verkauften Produkten/ Dienstleistungen	**1'350**
Aufwand	
Waren- und Materialaufwand	580
Personalaufwand	290
Raummiete	5
Abschreibungen auf Sachanlagen	35
Unterhalt und Reparaturen	15
Übriger Aufwand	170
Operativer Erfolg (Betriebsergebnis=EBIT*)	**255**
Zinsaufwand	15
Steuern	70
Nettoerfolg (Jahresüberschuss)	**170**
EBITDA*	**290**

*Definition siehe Glossar

Rohstoffe und eingekauften Fertigteile, aber auch sämtliche Hilfsmaterialien für die Produktion wie Klebstoffe, Schmiermittel, Wartungsmaterial usw.

Personalaufwand *(personnel expenses)*

Dazu gehören sämtliche Ausgaben, die mit den Lohnzahlungen an die Mitarbeiter zusammenhängen: Löhne, Zahlungen an Sozialversicherungen, Pensionskasse, aber auch Unterstützungszahlungen an die Kantine oder Unterhalt eines betriebseigenen Kinderhorts.

Mieten *(rent and lease)*

Mietaufwand für Gebäude, Einrichtungen, Fahrzeuge, Maschinen usw.

Abschreibungen (depreciation)

Abschreibungen sind keine Ausgaben im eigentlichen Sinne, sondern periodisierte Wertverminderungen der Anlagen der Unternehmung, die als Aufwand verbucht werden. Ein Beispiel: Eine Firma kauft einen Gebrauchtwagen für 3'000 EUR. Der Wagen kann während 5 Jahren benützt werden und hat danach einen Restwert null. In die Erfolgsrechnung gehen die jährlichen Abschreibungen von 600 EUR ein, nicht jedoch die Anfangsinvestition. Diese wird mit Cash bezahlt und fließt in die Cashflow-Rechnung des ersten Jahres ein. Die jährlichen Abschreibungen haben dagegen keinen Einfluss auf den Cashflow.

Unterhalt und Reparaturen (maintenance cost)

Reparaturen und Unterhaltsarbeiten, die für den normalen Betrieb der Anlagen und Gebäude nötig sind.

Übriger Aufwand (other costs)

Erträge und Aufwendungen, die keinen direkten Zusammenhang mit der eigentlichen Geschäftstätigkeit der Unternehmung haben, werden hier verbucht. Darunter fallen beispielsweise Spenden an lokale Vereine.

Zinsaufwand (interest expenses)

Sämtliche Schuldzinsen für Darlehen, Bankschulden usw.

Steuern (taxes)

Unternehmen werden auf den Gewinn nach Zinsen besteuert. In der Schweiz beträgt die gesamte Steuerlast (Gemeinde, Kanton und Bund) für Unternehmen durchschnittlich ca. 21 %, in Deutschland ca. 38 %.*

Nettoerfolg oder Reingewinn/Reinverlust (net income/net loss)

Der Gewinn oder Verlust entsteht durch die Gegenüberstellung der Erträge und Aufwendungen in einer Rechnungsperiode. Neben dem Cashflow ist der Gewinn oder Verlust eine der wichtigsten Messgrößen des Unternehmenserfolgs.

* KPMG, Corporate Income Tax Rate 2006; Steuergesetze der Kantone

Teil 3

Struktur der Erfolgsrechnung in ausgewählten Branchen (in %)

Beispiel Schweiz 2004*

	Herstellung von Nahrungsmitteln und Getränken	Chemische Industrie	Maschinenbau	Forschung & Entwicklung	Erbringung von Dienstleistungen für Unternehmen**	Grafische Erzeugnisse und Multimedia	Textilgewerbe	Medizinaltechnik; Herstellung optischer Geräte und Uhren	Detailhandel; Reparatur von Gebrauchsgütern
Ertrag	100	100	100	100	100	100	100	100	100
Umsatz	96	74	95	74	92	94	94	95	95
Übriger Betriebsertrag	2	12	3	23	4	4	2	3	3
Neutraler und a.o. Ertrag	2	15	2	3	4	2	4	2	1
Aufwand	98	82	95	85	95	96	95	92	98
Waren- und Materialaufwand	58	34	48	17	24	31	40	40	64
Personalaufwand	14	9	23	15	29	30	27	19	14
Sozialaufwand	3	2	4	3	5	5	5	4	2
Raummiete	0	0	1	1	1	1	1	0	4
Zinsaufwand	1	1	1	5	1	1	2	2	1
Abschreibungen auf Sachanlagen	4	2	2	2	2	5	5	3	3
Übrige Abschreibungen	0	1	1	3	1	1	0	2	0
Unterhalt und Reparaturen	2	1	1	1	0	1	3	1	1
Übriger Aufwand	16	31	14	38	32	21	14	20	8
Reingewinn (Jahresüberschuss)	2	18	5	15	5	4	5	8	2

* Für Deutschland gelten ähnliche Bilanzstrukturen, zum Teil werden aber andere Begriffe verwendet; die prozentualen Zusammensetzungen ändern sich aber generell auch von Jahr zu Jahr

** Enthalten sind neben Dienstleistungen wie Unternehmensberatung auch solche mit intensiverem Waren- und Materialaufwand wie Verpackungsgewerbe, fotografische Laboratorien und chemische Untersuchung

Quelle: Bundesamt für Statistik 2006, Buchhaltungsergebnisse schweizerischer Unternehmen, Industrie und Dienstleistungen, Geschäftsjahre 2003–2004

Die Größe der einzelnen Posten der Erfolgsrechnung ist von der Tätigkeit des Unternehmens abhängig. Die Tabelle auf Seite 156 zeigt die typische Struktur der Erfolgsrechnung in neun ausgewählten Branchen. Bei den Beispielen handelt es sich um etablierte Unternehmen. Bei Neugründungen muss der Reingewinn mittelfristig bedeutend höher liegen (20 bis 50 %), um die anfänglich deutlich negativen Ergebnisse zu kompensieren.

DIE BILANZ (balance sheet)

Die Bilanz macht an einem Stichtag eine Gegenüberstellung von Vermögen (assets) und Kapital (liabilities and equity) der Firma. Sie gibt Aufschluss darüber, wo das Kapital eines Unternehmens herkommt und wie es investiert wurde.

Hinweise zum Erstellen der Bilanz

Die Bilanzsumme der Vermögensseite muss immer gleich groß sein wie die Summe der Kapitalseite: Es können nicht mehr Mittel angelegt werden (Aktivseite), als das Unternehmen zur Verfügung hat (Passivseite). Jede Änderung einer Bilanzposition hat Auswirkungen auf eine andere Position. So wirkt sich ein Autokauf mit Bargeld auf das Umlaufvermögen und das Anlagevermögen aus, ein Warenkauf auf Kredit auf das Umlaufvermögen und das kurzfristige Fremdkapital, und eine Umwandlung von Darlehen in Aktienkapital beeinflusst das langfristige Fremdkapital und das Eigenkapital.

Zur Ermittlung der Bilanzpositionen der Aktivseite entnehmen Sie zunächst Ihrem Investitionsplan die Werte für Material und Sachanlagen. Dann fügen Sie den Wert der immateriellen Vermögensgegenstände (zum Beispiel Wert des Patentes) hinzu. Die Debitorenbestände bestimmen Sie aus dem gewählten Zahlungsziel der Kunden (zum Beispiel führt ein Zahlungsziel von 32 Tagen bei einem Umsatz von 1'350 EUR zu einem Debitorenbestand von 120 EUR*).

$$* \ 120 \ \text{EUR} = \frac{1'350 \ \text{EUR}}{360 \ \text{Tage}} \times 32 \ \text{Tage}$$

Analog ermitteln Sie den Lagerbestand für Fertigprodukte (eine Periode von 24 Tagen zwischen Wareneingang und Warenausgang führt bei einem Umsatz von 1'350 EUR zu einem Lagerbestand von 90 EUR).

Die Kreditorenbestände auf der Passivseite errechnen Sie analog zu den Debitorenbeständen aus Ihrem Zahlungsziel. Je nach Finanzierungsbedarf und angestrebter Kapitalstruktur tragen Sie dann Darlehen, Hypotheken und Aktienkapital ein. Den Gewinn-/Verlustvortrag erhalten Sie aus der Erfolgsrechnung.

Wenn Sie im Rahmen Ihrer Finanzierung Eigenkapital aufnehmen, achten Sie darauf, dass die Eigenkapitaldecke den gesetzlichen Bestimmungen entspricht.

Erläuterungen zu den Posten der Bilanz

Umlaufvermögen (current assets)

Darunter fallen Vermögenswerte, die kurzfristig verfügbar sind, zum Beispiel flüssige Mittel wie Kassa-, Bank- und Postbestände, Debitoren (offene Rechnungen der Kunden) sowie die Lagerbestände und Vorräte an Rohstoffen und Fertigteilen.

Anlagevermögen, Sachvermögen (fixed assets)

Anlagevermögen setzt sich grob aus Sachanlagen und immateriellen Vermögensgegenständen zusammen und kann in der Regel nicht kurzfristig veräußert werden. Sachanlagen sind Anlagen in Sachgegenstände wie beispielsweise Maschinen, Fahrzeuge und Computer (Mobilien) sowie Grund-stücke oder Gebäude (Immobilien). Immaterielle Vermögensgegenstände sind zum Beispiel Patente und Lizenzen.

Kurzfristiges Fremdkapital (current debt)

Verbindlichkeiten, die innerhalb eines Jahres bezahlt werden müssen, gelten als kurzfristig. Kreditoren sind offene Rechnungen der Lieferanten. Betriebskredite sind kurzfristige Schulden zur Abwicklung des Tagesgeschäfts (zum Beispiel Kontokorrentkredit).

Beispiel einer einfachen Bilanz — *Muster AG*

in Tausend EUR	31. Dezember	31. Dezember
Aktiven (Vermögen)	2009	2010
Umlaufvermögen	**280**	**510**
Flüssige Mittel	120	300
Debitoren (Forderungen)	95	120
Vorräte und Lager	65	90
Anlagevermögen	**190**	**230**
Sachanlagen	140	180
Immaterielle Vermögensgegenstände	50	50
Total Aktiven (Bilanzsumme)	**470**	**740**
Passiven (Kapital)		
Kurzfristiges Fremdkapital	**80**	**135**
Kreditoren (Verbindlichkeiten)	50	90
Übrige kurzfristige Schulden	30	45
Langfristiges Fremdkapital	**260**	**305**
Darlehen	160	215
Hypotheken	100	90
Eigenkapital	**130**	**300**
Aktienkapital (Grundkapital)	90	90
Reserven (Rücklagen)	40	40
Gewinn-Verlustvortrag	0	170
Total Passiven (Bilanzsumme)	**470**	**740**

Bilanzstruktur in ausgewählten Branchen (in %)

	Herstellung von Nahrungsmitteln und Getränken	Chemische Industrie	Maschinenbau	Forschung & Entwicklung	Erbringung von Dienstleistungen für Unternehmen**	Grafische Erzeugnisse und Multimedia	Textilgewerbe	Medizinaltechnik; Herstellung optischer Geräte und Uhren	Detailhandel; Reparatur von Gebrauchsgütern
Aktiven	100	100	100	100	100	100	100	100	100
Umlaufvermögen	48	40	67	40	58	35	56	53	36
Flüssige Mittel	7	1	10	4	8	11	13	6	6
Wertschriften	3	10	6	6	9	1	9	22	2
Debitoren	25	23	31	25	31	18	17	10	9
Vorräte und übriges Umlaufvermögen	13	6	20	5	9	4	17	14	19
Anlagevermögen	52	60	33	60	42	65	44	47	64
Sachanlagen	37	8	16	9	10	40	31	11	39
Übriges Anlagevermögen	15	52	17	51	32	25	13	37	25
Passiven	100	100	100	100	100	100	100	100	100
Kurzfristiges Fremdkapital	47	22	41	24	49	34	31	17	35
Kreditoren	32	14	27	13	33	20	10	8	26
Übrige kurzfristige Schulden	15	8	15	11	16	14	20	9	9
Langfristiges Fremdkapital	25	15	20	43	17	33	30	29	34
Hypotheken	6	0	2	0	2	9	15	1	8
Übriges langfristiges Fremdkapital	19	15	17	42	14	23	15	29	26
Eigenkapital	28	63	39	33	34	34	39	54	31
Reserven	22	59	31	32	29	24	31	48	28
Grundkapital	7	3	8	1	5	10	8	5	3

* Für Deutschland gelten ähnliche Bilanzstrukturen, zum Teil werden aber andere Begriffe verwendet; die prozentualen Zusammensetzungen ändern sich aber generell auch von Jahr zu Jahr

** Enthalten sind neben Dienstleistungen wie Unternehmensberatung auch solche mit intensiverem Waren- und Materialaufwand wie Verpackungsgewerbe, fotografische Laboratorien und chemische Untersuchung

Quelle: Bundesamt für Statistik 2006, Buchhaltungsergebnisse schweizerischer Unternehmen, Industrie und Dienstleistungen, Geschäftsjahre 2003–2004

Langfristiges Fremdkapital (long-term debt)

Hypotheken und Bankdarlehen sind nur zwei Beispiele von Fremdkapitalformen. Das Angebot ist umfassend, und je nach Unternehmungsgröße kommen unterschiedliche Finanzierungsformen in Frage.

Eigenkapital (equity)

Eigenkapital ist das von den Eigentümern zur Verfügung gestellte Kapital, zuzüglich Reserven (Rücklagen) und jährlicher Gewinn- und Verlustvorträge (retained earnings, accumulated losses). Das Eigenkapital wird in der Anfangsphase eines Geschäftes für den Aufbau verwendet. Nicht selten wird das Eigenkapital via Verlustvorträge beinahe aufgebraucht, bevor sich die Ertragslage der Firma derart verbessert, dass Eigenkapital über Gewinnvorträge wieder aufgebaut wird.

Ein Finanzierungsgrundsatz besagt, dass langfristiges Vermögen mit langfristigem Kapital und kurzfristiges mit kurzfristigem Kapital finanziert werden soll. Damit wird gewährleistet, dass für langfristige Anlagen wie beispielsweise eine Produktionsmaschine nach Ablauf einer kurzfristigen Anleihe nicht plötzlich neues Kapital beschafft werden muss.

Die Struktur des Vermögens ist von der Tätigkeit der Firma abhängig. Eine Maschinenfabrik beispielsweise muss bedeutend mehr Geld in Mobilien und Immobilien investieren als eine Unternehmensberatungsfirma. Ähnliches gilt für die Kapitalstruktur. In gewissen Branchen sind hohe Eigenkapitalanteile üblicher als in anderen. Grundsätzlich gelangen Unternehmen mit solidem Eigenkapitalanteil einfacher zu zusätzlichem Kapital. Start-ups werden kaum ungesicherte Bankkredite erhalten. Die Tabelle links zeigt den Eigenkapitalanteil von neun ausgewählten Branchen; die Kennzahlen beziehen sich auf etablierte Unternehmen. Normalerweise werden Start-ups mit sehr hohen Eigenkapitalquoten ausgestattet.

DER CASHFLOW *(cashflow statement)*

Wachstumsunternehmen sind häufig durch Liquiditätsengpässe gefährdet. Um längerfristig zahlungsfähig zu bleiben, ist es für den Unternehmer unerlässlich, die Entwicklung der flüssigen Mittel (Liquidität) ständig im Auge zu behalten. Die Cashflow-Rechnung gibt zunächst Auskunft darüber, wie sich die Liquidität („flüssige Mittel") zwischen zwei Zeitpunkten verändert; dann legt sie aber auch offen, woher die Zahlungsströme kommen (Mittelherkunft) und wie diese im Unternehmen verwendet werden. Die Tabelle auf Seite 167 verdeutlicht die Zusammenhänge zwischen Cashflow und Liquidität.

Cashflow aus Geschäftstätigkeit

Als Cashflow im eigentlichen Sinne gilt der Cashflow aus der Geschäftstätigkeit (oder operativer Cashflow). Er gibt an, ob sich aus der unternehmerischen Tätigkeit ein Geldbedarf oder ein Geldüberschuss ergibt. Gerade in der Aufbauphase eines Unternehmens wird es mehrere Perioden geben, in denen der Cashflow negativ ist. Der operative Cashflow ist somit der Maßstab für die wahre Ertragskraft eines Unternehmens. Er wird besonders auch vom Investor mit speziellem Interesse betrachtet.

Der operative Cashflow lässt sich anhand der Cash-Eingänge und -Ausgänge direkt berechnen oder anhand der Bilanz und Erfolgsrechnung indirekt herleiten.

Direkte Berechnung des Cashflows

Die Tabelle auf Seite 163 zeigt, wie der operative Cashflow anhand der Cash-Einnahmen und -Ausgaben ermittelt wird. Die einzelnen Posten dieser Rechnung wurden im Abschnitt „Erfolgsrechnung" genauer erläutert. Beachten Sie zusätzlich Folgendes:

Verkaufserlöse (liquiditätswirksamer Ertrag)

Wichtig ist der tatsächlich erzielte Geldeingang. Nicht die verkauften Produkte oder Dienstleistungen (= Umsatz) zählen, sondern einzig bezahlte Rechnungen der Kunden (= Einnahmen).

Auch hier wird nur der tatsächliche Geldabfluss aufgeführt, wie etwa bezahlte Personallöhne oder Raummieten. Ausgaben sind nicht gleich Aufwände: Im unten stehenden Beispiel fallen etwa die Ausgaben für den Wareneinkauf (565'000 EUR) tiefer aus als der in der Erfolgsrechnung ausgewiesene Warenaufwand (580'000 EUR); Material wurde von den Lieferanten bezogen, diesen jedoch noch nicht vollständig bezahlt (15'000 EUR bestehen als Lieferantenkredite). Auch Abschreibungen stellen keine realen Geldausgaben dar.

Der zeitliche Abstand zwischen Produktion (Cash-Ausgaben) und Zahlungseingang (Cash-Einnahmen) führt zum sogenannten Umlaufvermögen (working capital) und einem Finanzierungsbedarf. Wenn also ein Kunde eine Maschine bestellt, dann muss für deren Herstellung Cash ausgegeben werden, zum Beispiel für Rohmaterialien, Fertigbauteile, Arbeitsstunden, Transportkosten. Dieser Cash-Abfluss wird erst durch den Zahlungseingang ausgeglichen und muss in der Zwischenzeit (zum Beispiel durch Lieferantenkredite) finanziert werden.

Beispiel direkte Herleitung des operativen Cashflows   *Muster AG*

in Tausend EUR	Geschäftsjahr 2010
Geschäftstätigkeit	
Verkaufserlös	
Geldeingänge (= Einnahmen)	**1'325**
Ausgaben	
Wareneinkauf	565
Personal	290
Bezahlte Raummieten	5
Unterhalt und Reparaturen	15
Übriges	155
Zinsen	15
Steuern	70
Summe der Ausgaben	**1'115**
Cashflow aus Geschäftstätigkeit	**210**

Bei einem wachsenden Unternehmen wird das Nettoumlaufvermögen laufend zunehmen: Die Lager werden größer, mehr Produkte werden an die Kunden ausgeliefert, bevor die Zahlungen eingehen, und so weiter. So ist es möglich, dass wachsende Firmen trotz Gewinnen einen negativen Cashflow ausweisen, der finanziert werden muss.

Indirekte Herleitung des Cashflows

Bei der indirekten Herleitung des operativen Cashflows gehen Sie vom operativen Erfolg der Erfolgsrechnung aus. In einem ersten Schritt werden Steuer- und Zinszahlungen abgezogen. In einem zweiten Schritt werden jene Ausgaben addiert, die sich nicht auf den Cash („flüssige Mittel") aus- wirken, das heißt nur als Aufwand verrechnet werden (zum Beispiel Abschreibungen). In einem dritten Schritt werden alle cash-wirksamen Veränderungen der Bilanz berücksichtigt. Haben zum Beispiel die Lagerbestände zugenommen, dann musste diese Wertvermehrung mit Cash bezahlt werden. Andererseits führt eine Zunahme der Kreditoren zu einem Cash-Zufluss, da Waren und Leistungen zwar bezogen, diese den Lieferanten aber noch nicht bezahlt wurden.

Beispiel indirekte Herleitung des operativen Cashflows *Muster AG*

in Tausend EUR	Geschäftsjahr 2010
Geschäftstätigkeit	
Operativer Erfolg (ER)	255
– Bezahlte Steuern (ER)	– 70
– Bezahlte Zinsen (ER)	– 15
+ Abschreibungen auf Sachanlagen (ER)	+ 35
– △ Debitoren (Bilanz)	– 25
– △ Vorräte und Lager (Bilanz)	– 25
+ △ Kreditoren (Bilanz)	+ 40
+ △ Übrige kurzfristige Schulden (Bilanz)	+ 15
Cashflow aus Geschäftstätigkeit	**210**

Gesamter Cashflow

Für die effektive Höhe des Cashflows ist von Bedeutung, wie viel Cash durch betriebliche Tätigkeiten erzeugt wird und wie viel Geldmittel zusätzlich aus Finanzierung geschaffen oder aus Investitionen verbraucht werden. Der operative Cashflow muss deshalb um die Geldflüsse aus Investitionstätigkeit und Finanzierungstätigkeit zu einer vollständigen Cashflow-Rechnung ergänzt werden, wie in der Tabelle dargestellt. Der Liquiditätsstand (Cash) des Unternehmens am Ende des Jahres ergibt sich aus der Summe aller Veränderungen. Der Wert entspricht dem in der Bilanz aufgeführten Posten „Flüssige Mittel".

Der Cashflow aus Investitionstätigkeit berechnet sich aus Veränderungen des Anlagevermögens wie etwa dem Kauf von Anlagen oder dem Verkauf von Maschinen. Investitionen wirken sich sofort auf die Cash-Position aus (es sei denn, sie werden über Leasing oder Lieferantenkredite finanziert), die damit erwirtschafteten Erträge fallen jedoch erst später an. Es entsteht also auch hier ein Finanzierungsbedarf.

Beispiel Cashflow-Rechnung	*Muster AG*
in Tausend EUR	Geschäftsjahr 2010
Geschäftstätigkeit	
(Berechnung siehe Beispiele)	
Cashflow aus Geschäftstätigkeit	**210**
Investitionstätigkeit	
– Bruttoinvestitionen in Sachanlagen* (Bilanz und ER)	– 75
Cashflow aus Investitionstätigkeit	**– 75**
Finanzierungstätigkeit	
+ Aufnahme Darlehen (Bilanz)	+ 55
– Rückzahlung Hypotheken (Bilanz)	– 10
Cashflow aus Finanzierungstätigkeit	**45**
Total Veränderung Cash (Gesamt-Cashflow)	**+ 180**
+ Cash zu Beginn des Jahres (Bilanz)	120
Cash am Ende des Jahres	**300**

* Definition siehe Glossar

Der Cashflow aus Finanzierungstätigkeit beschreibt die Vorgänge um die Finanzierung des Unternehmens mit Eigen- und Fremdkapital, welche zu einer Zunahme bzw. zu einer Abnahme der Geldmittel führen, wie zum Beispiel die Erhöhung von Darlehen oder die Reduktion von Hypotheken.

Wenn ein Unternehmen genügend operativen Cashflow erwirtschaftet, um die anstehenden Investitionen zu finanzieren, dann ist das Unternehmen „selbstfinanzierend". Etablierte Firmen finanzieren sich in der Regel selbst; Start-ups dagegen müssen ihr Wachstum in der Regel mit firmenexternen Mitteln (Fremd- und Eigenkapital) finanzieren.

Entwicklung von Cashflow und Liquidität

	Monat	1	2	3	4	5	6	7
Verkaufserlöse								
Bestellungseingänge/Abschlüsse		100	150	80	210	130	120	
Fakturierung (= Erträge = Umsatz)					100	150	80	210
Geldeingänge (= Einnahmen)								100
Kosten (= Ausgaben)								
Wareneinkauf		10	30	50	40	140	60	70
Personal inkl. Sozialleistungen		50	50	50	50	50	50	50
Werbung		20	20	50	40	30	20	20
Bezahlte Mieten		10	10	10	10	10	10	10
Sonstiges		10	10	10	10	10	10	10
Steuern		0	0	0	0	0	0	0
Zinsen		2	2	2	2	2	2	2
Summe der Ausgaben		**102**	**122**	**172**	**152**	**242**	**152**	**162**
Cashflow aus Geschäftstätigkeit		–102	–122	–172	–152	–242	–152	–62
Investitionen (= Ausgaben)								
Infrastruktur/Anlagen		500	500	300	140	0	0	0
Cashflow aus Investitionstätigkeit		–500	–500	–300	–140	0	0	0
Liquidität								
Total Veränderungen Cash (Gesamt-Cashflow)		–602	–622	–472	–292	–242	–152	–62
+ Cash zu Beginn des Monats		0	–602	–1'224	–1'696	–1'988	–2'230	–2'382
Cash am Ende des Monats (Liquiditätsstand kumuliert)		–602	–1'224	–1'696	–1'988	–2'230	–2'382	–2'444

Teil 3

Fragen, die Sie für dieses Kapitel bearbeiten sollten

1. **Annahmen** – Auf welchen Annahmen basieren die Projektionen des Finanzplanes? Was sind die wichtigsten Treiber der Projektionen?
2. **Projektionen** – Wie sehen Bilanz- und Erfolgsrechnungen für die nächsten fünf oder mehr Jahre aus? Wie sieht der Cashflow aus? Wie viel Geld braucht das Unternehmen, um zahlungskräftig zu sein? Wann wird erwartet, dass das Unternehmen selbsttragend wird? Wie sehen die Finanzprojektionen aus, verglichen mit den Werten der Industrie? Welche spezifischen Finanzziele haben Sie (Margen, Gewinn, Finanzierungsbedarf, Kapitalstruktur)? Was sind die wichtigsten Kennzahlen in der Branche (zum Beispiel Umsatz pro m^2 im Detailhandel)?
3. **Szenarien** – Wie sieht die realistische Schätzung, wie der „Worst Case" aus?
4. **Finanzquellen** – Wie groß ist der Kapitalbedarf des Unternehmens bis zum Break-even? Über welche Finanzierungsquellen wird das notwendige Kapital beschafft? Wie viel flüssige Mittel (Cash) werden im ungünstigsten Fall benötigt? Wie viel haben Sie und die anderen Beteiligten investiert?
5. **Deal** – Wie lautet Ihr Angebot an potenzielle Kapitalgeber? Wie realisieren die Investoren ihren Gewinn? Welche Rendite können die Investoren erwarten? Auf welchen Zeitpunkt ist der Exit vorgesehen?

Informationsquellen
- Gegenwärtige Beteiligte
- Anbieter mit vergleichbarer Struktur

Mögliche Gliederung im Businessplan

Umsatzplan	Erfolgsrechnung
Cash-Bedarf, Szenarien und Sensitivitäten	Bilanz
	Annahmen
Cashflow-Rechnung	Finanzierung

Finanzplanung

Finanzplan

Wir erwarten, dass die FoldCon AG in den ersten fünf Betriebsjahren etwa 20 Kunden gewonnen haben wird, denen wir 95'000 TEU pro Jahr (als 20- und 40-Fuß-Container) verkaufen und somit einen Umsatz in der Höhe von rund 285 Mio. EUR sowie einen Reingewinn von 7,8 Mio. EUR nach Steuern erzielen.

Prognostiziertes Wachstum

Unsere Umsatzprognose ist direkt von der Zahl der Kunden abhängig, die wir gewinnen können, sowie von der Zahl der verkauften Container (gemessen in TEU). Wie in der Schifffahrt üblich, berechnen wir den Preis für unsere Container (20- und 40-Fuß) nach TEU. Eine TEU kostet 3'000 EUR. Somit erwarten wir, dass unsere Umsätze wie folgt steigen:

	2008	2009	2010	2011	2012
Kunden	2	5	10	15	20
Verkaufte Einheiten, TEU	2'000	15'000	34'000	60'000	95'000
Umsatz, EUR	6'000'000	45'000'000	102'000'000	180'000'000	285'000'000

Eine detaillierte Erläuterung des angestrebten Wachstums ist im Kapitel „Realisierungsfahrplan" nachzulesen.

Übersicht über die Finanzergebnisse

In den folgenden Tabellen stellen wir die erwarteten Finanzergebnisse dar: erwarteter Umsatz und Reingewinn, Erfolgsrechnung sowie Bilanz für die ersten fünf Jahre.

Erfolgsrechnung

Die FoldCon AG wird den Break-even im vierten Betriebsjahr mit einem Reingewinn von 1,5 Mio. EUR erreichen. In den ersten drei Betriebsjahren wird das Unternehmen insgesamt 8,6 Mio. EUR Verluste schreiben, während der Absatz anläuft. Diese werden im fünften Jahr vollständig ausgeglichen sein.

Erfolgsrechnung

in EUR

	2008	2009	2010	2011	2012
Umsatz	6'000'000	45'000'000	102'000'000	180'000'000	285'000'000
Herstellkosten	5'304'000	39'676'000	89'284'000	156'936'000	248'040'000
Veränderungen Inventar	+104'000	+676'000	+884'000	+936'000	+1'040'000
Bruttomarge	800'000	6'000'000	13'600'000	24'000'000	38'000'000
in Prozent des Umsatzes	*13*	*13*	*13*	*13*	*13*
Betriebskosten	5'000'000	9'500'000	14'500'000	21'500'000	25'000'000
Entwicklung	2'000'000	5'000'000	7'500'000	12'000'000	12'000'000
in Prozent des Umsatzes	*33*	*11*	*7*	*7*	*4*
Marketing/Vertrieb	2'000'000	3'000'000	5'000'000	6'000'000	8'000'000
in Prozent des Umsatzes	*33*	*7*	*5*	*3*	*3*
Verwaltung	1'000'000	1'500'000	2'000'000	3'500'000	5'000'000
in Prozent des Umsatzes	*17*	*4*	*2*	*2*	*2*
Betriebsgewinn (EBIT)	–4'200'000	–3'500'000	–900'000	2'500'000	13'000'000
Steuern*	–	–	–	1'000'000	5'200'000
Reingewinn	–4'200'000	–3'500'000	–900'000	1'500'000	7'800'000

* Vereinfachende Annahme: Kein Verlustvortrag

Bilanz

in EUR

	2008	2009	2010	2011	2012
Aktiven					
Flüssige Mittel	742'167	1'774'250	1'240'917	1'125'917	6'800'833
Nettoforderungen	500'000	3'750'000	8'500'000	15'000'000	23'750'000
Inventar	104'000	780'000	1'664'000	2'600'000	3'640'000
Total Aktiven	**1'346'167**	**6'304'250**	**11'404'917**	**18'725'917**	**34'190'833**
Passiven					
Fremdkapital					
Verbindlichkeiten	442'000	3'306'333	7'440'333	13'078'000	20'670'000
Ausstehende Gehälter	104'167	197'917	264'583	447'917	520'833
Total Fremdkapital	**546'167**	**3'504'250**	**7'704'917**	**13'525'917**	**21'190'833**
Eigenkapital					
Aktienkapital Gründer	500'000	500'000	500'000	500'000	500'000
Aktienkapital Investoren	4'500'000	10'000'000	10'000'000	10'000'000	10'000'000
Gewinnreserven	–4'200'000	–7'700'000	–6'800'000	–5'300'000	2'500'000
Total Eigenkapital	**800'000**	**2'800'000**	**3'700'000**	**5'200'000**	**13'000'000**
Total Passiven	**1'346'167**	**6'304'250**	**11'404'917**	**18'725'917**	**34'190'833**

Finanzierung

Die Anfangsfinanzierung in der Höhe von 0,5 Mio. EUR wurde aus den privaten Mitteln der Gründer bereitgestellt. Diese Summe wurde für die erste Entwicklungsphase benötigt, in der das Konzept für den Faltcontainer entwickelt und getestet wurde.

Wir erwarten, im Jahr 2008 im Austausch gegen 60 % der Unternehmensanteile 4,5 Mio. EUR zu erhalten, was 45 % nach der zweiten Finanzierungsrunde entspricht. Dank dieser Mittel werden wir in der Lage sein, die Entwicklung des Faltcontainers abzuschließen, einen Pilot des Containers vorzunehmen, Vertriebsmitarbeitende einzustellen und Marketing-aktivitäten aufzunehmen. Diese Finanzierungsrunde wird etwa ein Jahr dauern. Wir suchen primär einen Risikokapitalgeber, der über fundiertes Know-how in unserer Industrie verfügt und uns bei der Rekrutierung von erfahrenen Produktentwicklerinnen und -entwicklern sowie von Vertriebsmitarbeitenden helfen kann. Ein Teil des Gründungskapitals wird dabei der Schaffung eines Incentivesystems für die Mitglieder des Managementteams vorbehalten sein.

Die zweite Finanzierungsrunde ist für 2009 geplant: Zu diesem Zeitpunkt wollen wir zusätz-liche Mittel in der Höhe von 5,5 Mio. EUR aufbringen, die für das weitere Wachstum ein-gesetzt werden sollen. Im Gegenzug erhält der Investor 25 % des Aktienkapitals. Nach die-ser Runde wird sich die FoldCon AG selbst finanzieren, bis sie wie geplant im zehnten Betriebsjahr an die Börse gehen wird.

Finanzierungsrunden

	Datum	Betrag in EUR	Beteiligung in Prozent
Gründer	Ende 2007	500'000	30
VC-Runde 1	Start 2008	4'500'000	45
VC-Runde 2	Start 2009	5'500'000	25

Teil 3

If you don't ask,
you don't get.

Mahatma Gandhi

Man who waits
for roast duck
to fly into mouth
must wait very,
very long time.

Chinesisches Sprichwort

It's a funny thing about life;
if you refuse to
accept anything
but the best,
you very often
get it.

Somerset Maugham
Schriftsteller

Businessplan SnowTrack

Hinweis zu SnowTrack

Das folgende Fallbeispiel stellt die grundsätzlichen Überlegungen eines Businessplans in einem zusammenhängenden Kontext dar.

Um die inhaltlichen Anforderungen an einen Produkt-Businessplan leicht nachvollziehbar zu machen, wurde absichtlich ein technisch einfaches Produkt gewählt. Obwohl es sich um ein fiktives Fallbeispiel handelt, sind die Angaben zum Markt und zur künftigen Firma nach realistischen Marktdaten formuliert und plausibel dargestellt. Der Businessplan erfüllt alle Anforderungen an die Gliederung und Darstellungsweise und den Detaillierungsgrad der Angaben zum künftigen Unternehmen, wie sie von professionellen Investoren gefordert werden. SnowTrack erhebt aber nicht den Anspruch, als Grundlage für einen realen Start-up zu dienen.

Je nach Komplexitätsgrad des Produktes und der Branche werden Sie in Ihrem Businessplan gewisse Schwerpunkte anders setzen müssen. Im Laufe der Abklärungen und Analysen zu einer Geschäftsidee wird in der Regel rasch erkennbar, welche Aspekte besonderer Beachtung bedürfen. So werden Sie beispielsweise die Realisierbarkeit eines technisch komplexen Produktes ausführlicher darstellen müssen.

SnowTrack

Businessplan
30. Juni 2007

Alex Baum

Nadine Egli

Andrea Mahler

Christoph Neiss

VERTRAULICH

Dieser Businessplan ist vertraulich. Ohne vorherige schriftliche Genehmigung der Erfinder von SnowTrack dürfen weder der Businessplan selbst noch einzelne Informationen daraus reproduziert oder an Dritte weitergegeben werden.

Inhalt

1. Executive Summary

Unternehmenszweck

SnowTrack will durch die Entwicklung und Herstellung innovativer und hochwertiger Produkte die Sicherheit und den Fahrspaß im Snowboardsport signifikant verbessern. Durch Verringerung der Unfallgefahr will SnowTrack nicht nur den Snowboardern Sicherheit geben, sondern auch einen Beitrag zur Senkung der Gesundheitskosten leisten. Dies wird SnowTrack ermöglichen, auf dem eingesetzten Kapital eine langfristig hohe Rendite zu erzielen.

Hintergrund: Snowboarden auf dem Weg zum Breitensport

Snowboarden hat sich vom Trendsport zum Breitensport entwickelt. Mit zunehmender Verbreitung des Snowboardsports nimmt aber auch die Zahl der Unfälle zu, die zum Teil auf mangelndes Training der Fahrer, zum Teil auf ungenügendes Material zurückzuführen sind.

Problem: Hohe Unfallhäufigkeit mit privatem und volkswirtschaftlichem Schaden

Die Bindung ist als Schnittstelle zwischen Board und Schuh das zentrale Element für Sicherheit und Fahrkomfort. Die aktuellen Bindungen auf dem Markt weisen diesbezüglich Mängel auf: Konstruktionsbedingt geben sie – im Gegensatz zu modernen Skibindungen – das Brett bei einem Sturz nicht frei, was für den Fahrer nicht nur unangenehme Verrenkungen zur Folge hat, sondern zu gravierenden Verletzungen führen kann. Fuß- und Sprunggelenk sowie Knie sind am häufigsten betroffen. Langwierige Spitalaufenthalte und anschließende Therapien können kostspielig sein.

Produkt: Neuartige Komfortbindung für höchste Sicherheit

Unsere neuartige Step-in-Bindung erfüllt alle Anforderungen des anspruchsvollen Nutzers an eine sichere, komfortable und einstellbare Snowboardbindung. Die Bindung zeichnet sich durch mehrere einzigartige Funktionen aus: multidirektionale Auslösung über Security Trigger, integrierter Stopper, erleichterter Einsteig mit komfortablem Auslösemechanismus auf Kniehöhe, einfache Anpassung über Dreh-Klapp-Hebel, 3D-Adjustment. Die zwei Funktionen Security Trigger und Dreh-Klapp-Hebel sind zum Patent angemeldet. Die Bindung wird in den zwei Varianten ST PRO und ST EASY für die Ansprüche verschiedener Kundenzielgruppen gebaut und angeboten. Der Prototyp ST PRO ist in Arbeit und wird in zwei Monaten vorliegen. Der Prototyp ST EASY folgt ein Jahr später.

Unternehmerteam: Erfahrenes und motiviertes Team

Die vier Teammitglieder sind seit ihrer Jugend mit dem Snowboardsport verbunden und befassen sich seit Jahren mit dem Thema Sicherheit. Mit der neuartigen Bindung ist eine marktfähige Lösung gefunden worden; alle sind fest entschlossen, das Projekt zum Erfolg zu führen, und arbeiten 100 Prozent für SnowTrack. Das junge Team verfügt über mehrjährige Erfahrung in Projektmanagement, Controlling, Marketing und Feinmechanik.

Geschäftssystem: Konzentration auf eigene Stärken

Entwicklung und Marketing sind bereits unsere Kernkompetenzen. Know-how im Bereich Produktion wird durch einen erfahrenen Produktionsleiter eingebracht. Dementsprechend werden wir Entwicklung, Produktion und Marketing in eigener Regie betreiben. Eine Werkstatt mit für die nächsten zwei Jahre ausreichenden Produktionsräumen ist vorhanden.

Marketing: Wachstumsstrategie mit lokalen Anfängen

In Europa wurden in der Saison 2005/2006 ungefähr 485'000 Snowboardbindungen verkauft. Die Wachstumsrate des Marktes für Step-in-Bindungen wird für die nächsten fünf Jahre mit 5 bis 10 % prognostiziert. SnowTrack tritt mit einem neuartigen Produkt gegen die etablierte Konkurrenz an. Unser Wettbewerbsvorteil liegt sowohl in der höheren Sicherheit als auch beim Komfort. Beide Aspekte werden in der Marketingkommunikation im Vordergrund stehen. Dank Patentschutz und laufender Weiterentwicklung wollen wir den Vorsprung halten. Im Vertrieb stützen wir uns in der Schweiz auf den Detailhandel und wichtige Messen; im Ausland sind wir mit verschiedenen Landesimporteuren im Gespräch. Geografisch werden wir die Schweiz und die angrenzenden Alpenländer gleichzeitig angehen, die Märkte Nordamerika und Japan zeitlich etwas verschoben.

Finanzplan: 35 % IRR für Investoren der ersten Runde

Die Umsatzprognosen sehen vor, dass SnowTrack im Winter 2012/2013 mit 88'000 abgesetzten Snowboardbindungen einen Umsatz von 11,2 Mio. CHF erzielt. Der Nettogewinn nach Steuern beträgt dabei rund 22 % vom Umsatz. SnowTrack wird zu diesem Zeitpunkt ca. 44 Mitarbeitende beschäftigen. Mit der Unternehmensgründung bringt das Unternehmerteam 200'000 CHF Startkapital ein. SnowTrack sucht Investoren, die Kenntnisse der Branche haben. In einer ersten Runde werden für eine Kapitalerhöhung von 400'000 CHF 33 % des Aktienanteils geboten. Anfang 2008 wird für eine Beteiligung von 26 % eine Kapitalerhöhung von 1,2 Mio. CHF erwartet, nach einem weiteren Jahr werden nochmals 800'000 CHF aufgenommen gegen eine Beteiligung von 16 %. Für die Investoren der ersten Runde beträgt die IRR im Jahr 2012/2013 35 %.

2. Produkt

2.1 Aktuelle Situation

Das Snowboarden ist heute von den Skipisten nicht mehr wegzudenken und hat sich mittlerweile als Breitensport etabliert. In der Schweiz fährt ungefähr jeder zehnte Einwohner Snowboard, inklusive snowboardfahrende Skifahrer (MACH Consumer 2005). Weil die Sportart nur saisonal ausgeübt werden kann, mangelt es vielen Fahrern an Training und Erfahrung, viele überschätzen sich auf der Piste. Mit zunehmender Verbreitung des Snowboardsports nehmen deshalb auch die Unfälle zu. Nach eigenen Beobachtungen stürzen Snowboarder bei gleicher Fahrzeit viel häufiger als Skifahrer. Die Behauptung, Snowboarden sei weniger sicher als Skifahren, schadet der ganzen Branche.

Die Bindung ist als Schnittstelle zwischen Board und Schuh eine besonders zentrale und heikle Komponente der Ausrüstung. Gerade bei Stürzen wird die Bedeutung der Bindung offensichtlich. Die Bindungen, die heute auf dem Markt sind, weisen diesbezüglich Mängel auf: So geben sie das Brett im Falle eines Sturzes nicht frei – anders als etwa moderne Skibindungen. Dies kann – wie früher beim Skifahren – gravierende Unfälle zur Folge haben. Aus einem Bericht der Sportorthopädie Bern 2001 geht hervor, dass bei den Snowboardern Verletzungen am Fuß- und Sprunggelenk dominieren (28 %), gefolgt von Knieverletzungen (14 %). Spitalaufenthalte und anschließende Therapien können lange dauern und entsprechend kostspielig sein.

Materialfehler tragen ebenfalls zu Unfällen bei. Nicht selten werden Bindungen aufgrund des Drucks aus dem Board herausgerissen oder es entstehen Materialbrüche. In beiden Fällen wirken hohe Kräfte auf das fest fixierte Bein, was schwerste Verletzungen verursachen kann. Auch Stürze in voller Fahrt können gravierende Unfallfolgen haben, weil es wegen der festen Fixierung beider Beine am Brett kaum möglich ist, den Sturz abzufangen oder den Körper beim Aufprall auf dem Boden abzurollen.

Mit SnowTrack bieten wir eine innovative Lösung für diese grundlegenden Sicherheits- und Komfortprobleme beim Snowboarden – und dies mit einem doppelten Nutzen: Zum einen wird der Fahrspaß für den Snowboarder und sein Sicherheitsgefühl spürbar erhöht, zum andern bringt die reduzierte Unfallgefahr auch einen volkswirtschaftlichen Nutzen in Form geringerer Unfall- und Behandlungskosten.

2.2 Übersicht über das Snowboardsystem

Die Elemente des Snowboardsystems werden meist nicht einzeln, sondern als Einheit gekauft. Es besteht aus den Komponenten Schuh, Snowboard und Bindung. Für das Snowboardsystem gibt es zwei grundsätzliche Ausrichtungen: Für Tiefschneefahren und Sprünge eignet sich vor allem ein Freestyle-Board mit Softschuhen und Softbindung, für harte Pisten und schnelles Fahren ein Raceboard mit Hardschuhen und Hardbindung. Dazwischen existieren auch Mischformen. Bei den Bindungen ist das Step-in-Prinzip (Einstieg ohne manuelle Unterstützung, ähnlich einer Skibindung) sowohl für die Freestyle- als auch für die Race-Variante geeignet.

Zurzeit gibt es drei Arten von Bindungen auf dem Markt: die traditionelle Soft- bzw. Strapbindung, die Step-in-Bindung und die von Flow hergestellten Bindungen. Die von Wettbewerbern hergestellten Step-in-Bindungen kämpfen mit den unterschiedlichen Standards und mit Eisbildung, welche eine einfache Handhabung der Bindung verhindert. Unser Bindungssystem wird sowohl verschiedene Standards unterstützen als auch das Problem bei Eisbildung umgehen.

2.3 Produktbeschreibung und Patente

Unser Produkt gehört ins Segment der Step-in-Bindungen. Anders als bisherige Modelle deckt unsere Bindung alle Anforderungen des anspruchsvollen Nutzers an eine sichere, komfortable und einstellbare Snowboardbindung ab. Die zwei Bindungstypen ST PRO und ST EASY, welche für verschiedene Kundensegmente bestimmt sind, sollen sich vor allem in Bezug auf die verarbeiteten Materialien und das Design unterscheiden. Die Funktionen sind für beide Bindungen die gleichen.

• Security Trigger

Der Security Trigger ist eine neuartige Vorrichtung, die bei einem unkontrollierten Sturz eine Auslösung der Bindung in X-, Y- und Z-Richtung (alle möglichen Belastungsarten) zulässt. Dank synchroner Auslösung beider Bindungen über ein Verbindungsstück wird höchste Sicherheit gewährleistet. Der Trigger lässt sich individuell einstellen.

• Integrierter Stopper

Der integrierte Stopper sorgt dafür, dass bei Auslösung der Sicherheitsbindung das Board sofort gebremst wird; damit wird die Verletzungsgefahr für andere Pistenbenutzer deutlich reduziert. Der Stopper ist für alle Boardtypen bzw. -breiten geeignet.

• Step-in

Über drei Führungssysteme wird ein direkter und bequemer Einstieg ermöglicht. Neuartige Materialien mit Teflonbeschichtung verhindern das Festsetzen von Schnee und Eis.

• Pull-out

Ein komfortabler manueller Auslösemechanismus auf Kniehöhe erleichtert den Ausstieg aus der Bindung. Der Mechanismus kann ohne Behinderung durch die Bekleidung betätigt werden.

• Dreh-Klapp-Hebel

Diese ebenfalls neuartige Vorrichtung ermöglicht, die Bindung exakt über 360 Grad einzustellen, sodass sie für jeden Fahrer einfach und schnell anpassbar ist. Zudem ermöglicht der Klapp-Hebel einen raschen Bindungswechsel zwischen verschiedenen Boards, was besonders für den Verleih interessant ist.

• 3D-Adjustment

Mit der Feineinstellung der Bindung kann der Schuh nach vorne bzw. nach hinten gekippt werden (Heel/Toe-Lifting). Zudem kann die Härte der Bewegungsübertragung zwischen Fahrer und Board eingestellt werden.

Der Security Trigger und der Dreh-Klapp-Hebel wurden bereits in Europa, Amerika und Japan zum Patent angemeldet. Erste Abklärungen haben gezeigt, dass die Patente einen effektiven Schutz der Technologie bieten. Die Patenterteilung wird in fünf Monaten erwartet.

2.4 Standardisierung und Technologie

Bei der Schnittstelle von Board und Bindung gibt es zurzeit zwei führende Standards: einerseits eine 3×3-Platte von Burton, andererseits eine 4×4-Platte. Die Step-in-Bindung kann beiden Standards angepasst werden. Hingegen fehlt für die Step-in-Bindung eine standardisierte Schnittstelle von Schuh und Bindung. Bei diesem System sind Schuh und Bindung voneinander abhängig und nicht unter allen Anbietern kompatibel. SnowTrack bietet mit seinen Bindungssystemen eine Lösung an, die für jeden Step-in-Schuh passt.

Technologisch sind die einzelnen Komponenten unterschiedlich ausgereift. So sind Board und Schuhe auf einem hohen Stand, der Entwicklungsstand der Bindung im Vergleich zur Skibindung ist jedoch noch deutlich im Rückstand. Mit unserer neuartigen Step-in-Bindung streben wir einen sichtbaren Fortschritt im Bindungsbereich an.

2.5 Entwicklungsstand und Weiterentwicklung

Die ST PRO und ST EASY sind in ihren Einzelteilen bereits auf einem hohen Stand entwickelt. Erste Material- und Funktionstests wurden erfolgreich abgeschlossen. Zurzeit arbeiten wir am Prototyp ST PRO, der alle Komponenten (siehe Produktbeschreibung) integriert; der Prototyp wird in den nächsten zwei Monaten vorliegen. Der Prototyp ST EASY wird in einem Jahr folgen. Mit der Auswertung der Tests an den vollständigen Prototypen und den darauf basierenden Modifikationen wird die Entwicklung abgeschlossen.

Die Produktionsplanung für eine Nullserie ist bereits im Gange: Die nötigen Prozesse, Durchlaufzeiten, Maschinen, Materialien und die Qualität der Produktion werden gegenwärtig im Detail analysiert. Mit dem Erstellen der Produktion werden die zwei Modelle bis zur Produktionsreife verfeinert. Um die Bindungen in der erwarteten Menge (siehe Wachstumsstrategie unter Marketing) und der erforderlichen Qualität herstellen zu können, wird nochmals eine Planungsrunde notwendig sein. Auch müssen noch Tests zur Optimierung des Designs durchgeführt werden.

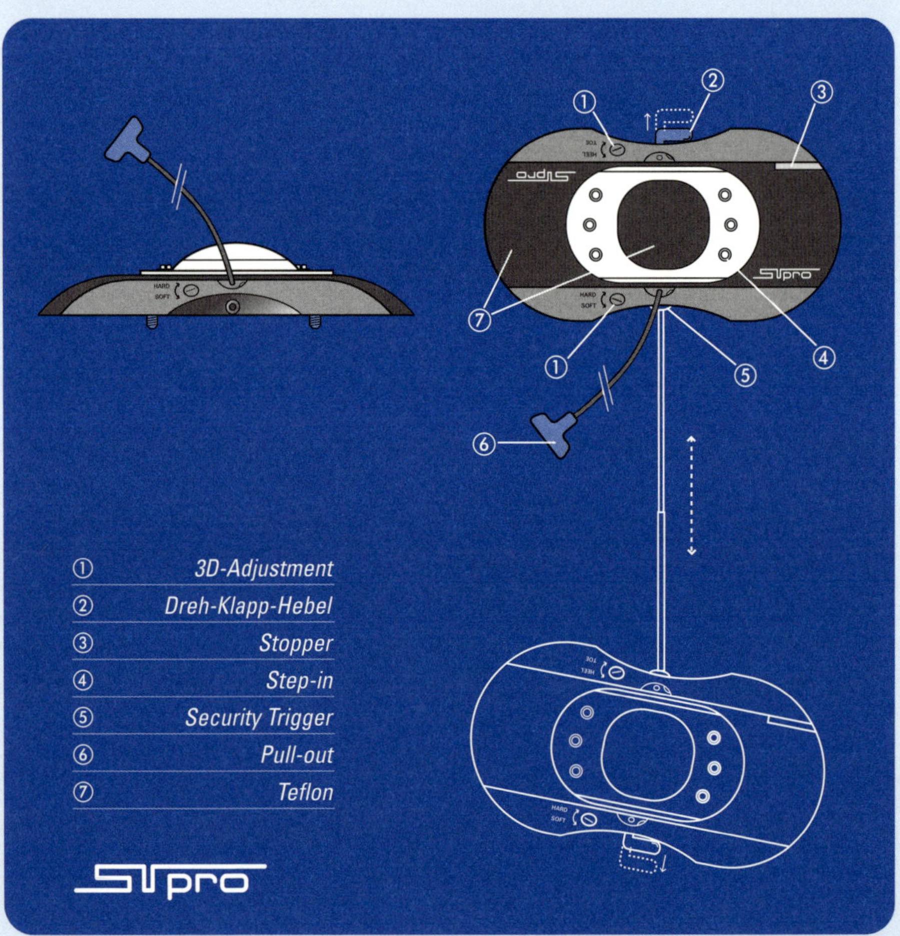

3. Unternehmerteam

3.1 Gründerteam

Das Team zeichnet sich durch eine starke Affinität zum Snowboarden aus. Alle sind seit ihrer Jugend im Winter mit einem Brett unterwegs. Die gemeinsame Begeisterung, im Snowboardsport ein Produkt zu lancieren, das für Sicherheit steht, spornt das bereits vollzeitig engagierte Team an. Das Team verfügt über weitreichendes Know-how; die verschiedenen beruflichen Hintergründe und Erfahrungen ergänzen sich optimal.

Alex Baum, Geschäftsleiter

Alex (31) hat sein Studium an der Fachhochschule Rapperswil als Maschineningenieur abgeschlossen. Als Assistent der Fachhochschule war er während der zwei nachfolgenden Jahre maßgeblich an der Entwicklung einer verbrennungsarmen Gasturbine beteiligt. Während der letzten sechs Jahre war er bei Azzac Electro erfolgreich als Projektleiter tätig (Inbetriebsetzung einer Hochspannungsschaltanlange, Projektion eines Staudammes). In seiner Freizeit entwickelt Alex immer wieder neue Snowboards.

Nadine Egli, Finanzchefin

Nadine (29) hat ein Diplom in Betriebswirtschaftslehre der Universität St. Gallen mit der Vertiefung Finanzen, Rechtslegung und Controlling. Nach ihrem Studium arbeitete sie zwei Jahre beim Beratungsunternehmen Conyx Consult. Die letzten zwei Jahre war sie bei Gastrofit im Finanzbereich tätig, wo sie auch stärkere Einsicht in das Controlling von Projekten erhielt. Dank ihrer Hilfe konnte der Finanzbereich effizienter gestaltet und die Kosten konnten im letzten Jahr um ein Viertel gesenkt werden.

Andrea Mahler, Marketing- und Verkaufsleiterin

Andrea (29) hat nach ihrem Sportstudium an der ETH Zürich als Sportlehrerin an einer Kantonsschule gearbeitet. Vor drei Jahren wechselte sie zur Sportwarenkette SportsAct, bei der sie als Marketingassistentin vertieften Einblick in die Sportindustrie erlangte, insbesondere in Vertrieb und Verkauf. Dank einer von ihr angestoßenen Initiative konnte während der letzten zwei Jahre der Umsatz um 20 % gesteigert werden.

Christoph Neiss, Entwicklungsleiter

Christoph (28) hat eine Lehre als Feinmechaniker bei Haytronic absolviert. Hier war er drei weitere Jahre tätig, bevor er sich dann professionell dem Snowboarden widmete. Christoph hat sich in der Snowbaordszene durch Erfolge an Snowboardrennen in Europa und den USA einen Namen gemacht und hat Kontakte zu vielen Profis. Vor einem Jahr musste er wegen eines schweren Snowboardunfalles seine Sportkarriere aufgeben. Seither hat er sich voll und ganz mit der Entwicklung einer Sicherheitsbindung beschäftigt.

Fähigkeitsprofil Unternehmerteam

	Fachkompetenz						Sozialkompetenz				
	Technologie	Produktion	Finanzen	Projektmanagement	Marketing/Verkauf	Personalwesen	Initiative	Kommunikation	Verkaufsfähigkeit	Verhandlungsgeschick	Durchsetzungsvermögen
Alex Baum (Geschäftsleiter)	○			●		○	○			○	○
Nadine Egli (Finanzen)			●	○		○			○	○	
Andrea Mahler (Marketing & Verkauf)				○	●	○	○	○	●		○
Christoph Neiss (Entwicklung)	●						○				

● ausgeprägt   ○ gut

3.2 Offene Positionen

Zur Ergänzung des Unternehmerteams wird ein Produktionsleiter gesucht, der Erfahrung in der Produktionsplanung, Prozesskontrolle, Fertigung und Qualitätskontrolle von größeren Serien mitbringt. Vorteilhaft wären auch Erfahrungen in der Herstellung von Wintersport-Equipment. Auch sollte er sich durch unternehmerisches Denken auszeichnen. Eine Kapitalbeteiligung am Unternehmen wäre wünschenswert.

Kontakte zu solchen Spezialisten aus der Snowboardindustrie sind bereits geknüpft; zudem wird in den nächsten Wochen ein Inserat in Fachpublikationen erscheinen. Sollte die Position innerhalb nützlicher Frist nicht besetzt sein, werden wir einen Headhunter engagieren. Die Chancen, dass bereits durch unsere Kontakte eine passende Person gewonnen werden kann, werden vom Team als gut erachtet.

4. Marketing

4.1 Marktgröße und Marktwachstum

Der weltweite Snowboardmarkt (Snowboards, Bindungen, Schuhe) für Produzenten beläuft sich nach Angaben von Rossignol auf 577 Mio. CHF (Saison 2005/2006); dies entspricht gegenüber dem Vorjahr einer Zunahme von 9 %. Nach Jahren rapiden Wachstums mit Wachstumsraten von bis zu 25 % hat sich das Wachstum verlangsamt: Für die USA wird für die nächsten Jahre ein Marktwachstum von 5 bis 10 % vorhergesagt, ähnlich sind die Erwartungen für Europa. Der japanische Markt dagegen stagniert.

Der Snowboardmarkt ist gemäß einem Analystenbericht der Dresdner Bank noch stärker fragmentiert als der Markt für Skis. Obwohl einige große Produzenten den Markt dominieren (zum Beispiel Burton mit ca. 30 % Marktanteil und K2 mit ca. 18 %), gibt es eine große Anzahl kleinerer Hersteller. In Europa sind Burton (30 %), K2 (12 %), Quicksilver-Rossignol (11 %), Salomon (10 %) und Nitro (10 %) die führenden Anbieter.

Die Anzahl abgesetzter Bindungen verläuft nach Gesprächen mit Fachleuten parallel zur Anzahl verkaufter Snowboards. In unten stehender Tabelle sind die bisherigen Marktzahlen ersichtlich. Die Marktgröße für Bindungsproduzenten beläuft sich im Jahr 2005/2006 mit 1 Mio. Bindungen auf 107 Mio. CHF Umsatz. Eine Prognose für den zukünftigen Absatz von Bindungen wird im Abschnitt Wachstumsstrategie detailliert beschrieben.

Snowboardmarkt global für Produzenten

Anzahl in Mio., Umsatz in Mio. CHF		2004/2005	2005/2006
Total Umsatz		**528**	**577**
Bindung	Paare*	0,96	1,05
	Umsatz	98	107
Snowboard	Anzahl	0,96	1,05
	Umsatz	271	296
Schuhe	Paare	1,04	1,13
	Umsatz	159	174

* Nach eigenen Schätzungen

Die geografische Aufteilung des Umsatzes im Snowboardmarkt lässt eine klare Triade von Japan, Nordamerika und Europa erkennen.

Umsatzaufteilung des Snowboardmarktes 2005

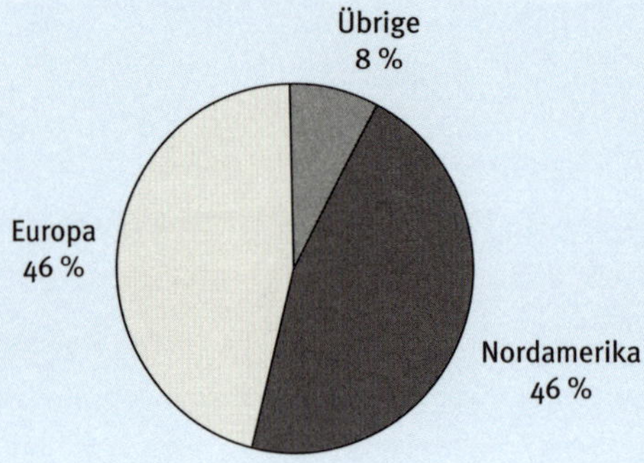

Quelle: Rémi Forsans European Snowboard Market Season 2005/2006

4.2 Schweizer Markt

SnowTrack wird seine Produkte in der Schweiz lancieren. Dank guter Kontakte zu Händlern und zur Snowboardszene haben wir eine ausführliche Marktanalyse für die Schweiz erarbeitet. Mit der erfolgreichen Lancierung werden rasch auch die Märkte Europa (Alpenländer) und Nordamerika bearbeitet. Japan wird zeitlich etwas verschoben angegangen. Die Marktanalysen für diese Länder werden zu einem späteren Zeitpunkt detailliert erfolgen.

Marktgröße Schweiz

Es wurden im Winter 2005/2006 70'000 Snowboards an Endkunden sowie ungefähr 78'000 Bindungen verkauft. Nach Gesprächen mit Händlern beträgt der durchschnittliche Verkaufspreis an den Handel in der Schweiz pro Step-in-Bindung rund 100 CHF (Preis für konventionelle Bindungen rund ein Drittel tiefer).

Snowboarden vs. Skifahren

Der Snowboardsport hat in der Schweiz in den letzten Jahren unter den Wintersportlern stetig an Beliebtheit gewonnen (siehe Tabelle auf Seite 13). So konnte der Snowboardsport bei den unter 30-Jährigen großen Zuwachs verzeichnen, dies vor allem auf Kosten des Skisports. Für den Schweizer Markt ergibt dies etwa 2 Millionen Skifahrer und etwa 600'000 Snowboarder. Ebenso ist zu beachten, dass Skifahrer, die gelegentlich auch das Board benützen, fast die Hälfte der Snowboarder ausmachen. Diese „Umverteilung" der Wintersportler deu-

Businessplan SnowTrack

tet auf ein unerschlossenes Potenzial für den Snowboardsport und die Ausrüster hin. Gerade die vielen Skifahrer, die auch snowboarden, haben ein Verlangen nach derselben Sicherheit beim Snowboard wie beim Ski.

Anteil an der Schweizer Bevölkerung (ab 14 Jahren), Saison 2005/2006

	Skifahrer	Snowboarder	Intensiv-Skifahrer	Intensiv-Snowboarder
Total	**36,8 %**	**10,9 %**	**7,6 %**	**2,8 %**
14–19 Jahre	34,5 %	44,5 %	9,3 %	14,1 %
20–29 Jahre	41,1 %	29,2 %	7,2 %	7,4 %
30–39 Jahre	51,5 %	9,1 %	8,6 %	1,4 %
40–49 Jahre	49,1 %	3,7 %	9,5 %	1,0 %
50–59 Jahre	33,9 %	1,3 %	8,6 %	0,2 %
60–69 Jahre	23,0 %	0,3 %	6,6 %	0,1 %

Quelle: MACH Consumer 2005

Aus der gleichen Studie geht hervor, dass die Zahl der Snowboarder von 1991 bis 2005 von 2 % auf 11 % gestiegen, die Zahl der Skifahrer im gleichen Zeitraum aber von 45 % auf 37 % gesunken ist. Ein Drittel der Snowboarder betreibt den Sport intensiv, bei den Skifahrern hingegen nur ein Fünftel. Intensivsportler bevorzugen erfahrungsgemäß eine professionelle Ausrüstung.

Konsumverhalten

Nach einer Umfrage von „Schweizer Sport & Mode" im Januar 2002 hat sich das Bild des Multisportlers der 90er-Jahre, der möglichst viele Sportarten gleichzeitig ausübt, verändert. Der Trend, sich auf ein bis zwei Kernsportarten zu konzentrieren, führt zu einem anderen Konsumverhalten: Der Durchschnittskunde möchte in den ein bis zwei Sportarten, die er betreibt, eine hoch spezialisierte Ausrüstung mit zahlreichen funktionellen Details. Gespräche mit Branchenkennern bestätigten dies; auch die Sortimentsentwicklung läuft bereits in diese Richtung. Dieser Trend unterstützt die Lancierung einer Sicherheitsbindung.

4.3 Kundensegmente

Aufgrund zahlreicher Interviews mit potenziellen Kunden, Händlern und Verkäufern im Fachmarkt und der Lektüre von Snowboardmagazinen haben wir folgende vier Segmente von Endkunden definiert:

Kundensegmente

	Jugendliche/ Trendbewusste	Erfahrene Erwachsene	Erwachsene Anfänger/ Umsteiger von Ski	Snowboard-vermieter
Anteil am Gesamtmarkt	40%	25%	15%	20%
Alter	15–25	>25	>25	–
Lifestyle	– Ausgeflippt, anders, extrem – Leben Idolen nach – Lesen Snowboardmagazine	– Gestylte Kleider, Accessoires – Snowboarden "is just another sport"		–
Kauffaktoren	– Marke wichtig – Kaufen, was coole Typen kaufen – Feeling entscheidend – Wenig preissensitiv – Limitierte Kaufkraft	– Preis-Leistungs-Verhältnis wichtig – Sicherheitsbewusst – Qualität wichtig – Facts entscheidend	– Preissensitiv – Sicherheits-bewusst – Brand/Qualität weniger wichtig	– Jede Saison neue Boards – Sicherheit – Qualität
Einkaufsort	Snowboard-Shop	Traditionelle Skifachgeschäfte und etablierte Snowboardgeschäfte		Messen und Großhandel
Positionierung	– NEW AND COOL – Top-Qualität – Entwickelt und verwendet von Profis – Starkes Design	– KOMFORT UND SICHERHEIT – Top-Qualität – Einfache Modifikation		– EASY TO USE – Top-Qualität – Hoher Komfort und Sicherheit
Marketing	– Riders Team – Events – Magazine	– Verkaufsunterstützung im Laden – After-Sales-Service		– Direktanschrift – Tests/Fach-berichte – Vertreter-besuche

Mit unseren beiden Step-in-Bindungsmodellen ST EASY und ST PRO können wir uns in allen vier Segmenten einmalig positionieren. Gemäß den oben definierten Anforderungen spricht das Modell ST EASY vor allem das Segment „Erwachsene Anfänger und Umsteiger" an, das Modell ST PRO richtet sich an Jugendliche/Trendbewusste und erfahrene Erwachsene. Für die Vermieter sind je nach Kundschaft beide Modelle interessant.

4.4 Konkurrenzanalyse

Der Snowboardmarkt für Boards, Schuhe und Bindungen ist mit weit über 100 Anbietern sehr fragmentiert. Nur wenige können als etabliert gelten und haben eine kritische Größe erreicht. Mit etwa 30 % Marktanteil ist Burton klarer Marktführer, gefolgt von K2 mit etwa 12 %. Weitere bekannte Firmen wie Salomon, Quicksilver-Rossignol und Nitro halten bedeutend kleinere Marktanteile.

Da sich SnowTrack als neuartige Sicherheitsbindung positioniert, tritt sie in Konkurrenz zu Herstellern konventioneller Bindungen und anderer Step-in-Bindungen. Die größeren Hersteller von Snowboardausrüstung bieten mittlerweile kombinierte Lösungen mit Board, Bindung und Schuh an. Die führenden Snowboard-Labels sind so meist auch führend in Bindungen und Schuhen.

Unten stehende Übersicht zeigt die Bindungseigenschaften von Bindungen dreier führender Konkurrenten im Vergleich mit der Bindung SnowTrack ST PRO, basierend auf Testberichten verschiedener Snowboardmagazine und eigenen Beurteilungen.

SnowTrack ST PRO im Vergleich mit Konkurrenzprodukten

	Sicherheit	Komfort	Verarbeitung	Design	Kompatibilität	Bekanntheitsgrad
Freestyle FX	–	**	***	**	–	***
SnowRide Q3	–	**	**	***	*	**
StyleX SI	–	*	**	*	–	*
ST PRO	***	***	***	**	***	–

*** sehr gut   ** gut   * genügend   – mangelhaft

4.5 Wettbewerbsvorteile

Trotz dieser etablierten Konkurrenz glauben wir, dass wir mit unserem neuartigen Produkt nicht nur im Segment der Step-in-Bindungen bestehen, sondern dank der beiden Modelle auch gegen konventionelle Bindungen erfolgreich antreten können. Zwei Vorteile unseres Produkts sind hervorzuheben:

Fahrerlebnis: Kein Bindungshersteller kann bisher das befreiende Fahrerlebnis bieten, das mit einer ausgereiften Sicherheitsbindung vermittelt wird. Die Assoziation von Snowboarden mit Sicherheit werden wir in unserer Marktkommunikation entsprechend nutzen. Neueste Erkenntnisse über Material, Design und Herstellung werden ständig in die Konstruktion und Produktion unserer Bindungen einfließen.

Kompatibilität: Dank der Kompatibilität sind unsere Bindungen für alle Step-in-Schuhe geeignet. Ein Kunde muss seine Bindung somit nicht mehr nach dem Hersteller seiner Schuhe aussuchen. SnowTrack ist bestrebt, auch bei neuen Produkten voll kompatibel zu bleiben.

4.6 Wachstumsstrategie

Wie zu Beginn des Marketingplans gezeigt, verteilt sich der Snowboardmarkt zu jeweils etwa einem Drittel auf Japan, Nordamerika und Europa. Geografisch werden wir uns zuerst auf die Schweiz und die angrenzenden Alpenländer konzentrieren. Zeitlich verschoben werden die Märkte Nordamerika und Japan in Angriff genommen.

Wachstum ergibt sich daraus, dass wir Marktanteil im bestehenden Markt aufbauen und den Markt etappenweise erweitern, indem wir Snowboarder mit konventionellen Bindungen sowie Skifahrer, die Snowboarden als unsicher erachten, für unsere Lösung begeistern.

Mit dem Bindungstyp ST PRO sollen in der Schweiz bis 2012/2013 5 %, im Ausland 3 % des Markts erobert werden, mit dem Modell ST EASY in der Schweiz 8 % und im Ausland 4 %.

Angestrebtes Wachstum von SnowTrack nach abgesetzten Mengen

		2008/2009	2009/2010	2010/2011	2011/2012	2012/2013
Gesamt-markt	Alle Bindungen weltweit*	1'051'000	1'082'400	1'114'800	1'148'300	1'182'700
Markt Schweiz	Alle Bindungen*	78'100	80'400	82'800	85'300	87'900
	Marktanteil ST PRO	1 %	2 %	3 %	4 %	5 %
	Anzahl ST PRO	800	1'600	2'500	3'400	4'400
	Marktanteil ST EASY	–	2 %	4 %	6 %	8 %
	Anzahl ST EASY	–	1'600	3'300	5'100	7'000
Markt Ausland	Alle Bindungen Anzahl Step-in	972'900	1'002'000	1'032'000	1'063'000	1'094'800
	Marktanteil ST PRO	0,5 %	1,0 %	1,5 %	2,0 %	3,0 %
	Anzahl ST PRO	4'900	10'000	15'500	21'300	32'900
	Marktanteil ST EASY	–	1 %	2 %	3 %	4 %
	Anzahl ST EASY	–	10'000	20'700	31'900	43'800

*Angenommenes jährliches Wachstum von 3 %

4.7 Marketingmix

Trotz der mittlerweile hohen Akzeptanz, die das Snowboarden unter den Wintersportarten genießt, haftet ihm immer noch ein Hauch von „Exotik" an. Nach eigenen Erfahrungen sind Snowboarder sehr empfänglich für Werbung; ein trendiges Image ist ihnen wichtig.

Wie in der Konkurrenzanalyse aufgezeigt, ist der Markt zwar sehr fragmentiert, doch liegt die Marktmacht in den Händen weniger Anbieter. Für eine erfolgreiche Markteinführung ist es deshalb zentral, dass sie geografisch breit abgestützt ist und eine kritische Masse erreicht.

Die Ausführungen zum Produkt sind in der Produktbeschreibung zu finden.

Kanäle

Der Entscheid, welche Bindung dem Endkunden angeboten wird, liegt beim Fachhandel. Wie die Hersteller ist auch der Endverkaufskanal mit zahlreichen Sportgeschäften und Fachmärkten sehr fragmentiert. Die Retailer kaufen ihre Produkte vor allem beim Großisten über Fachmessen ein. Der Retailer muss von einem Produkt sehr überzeugt sein, da Ware, die am Lager bleibt, für fehlenden Umsatz und hohe Kosten (Einkauf und Lager) sorgt. Wir legen deshalb viel Wert auf überzeugende Produktdarstellung und einen Verkaufssupport vor Ort.

Für die Platzierung des Produktes sind Messen zentral. Sie finden oft im Frühjahr statt; bis zu vier Fünftel aller Bestellungen für die nächste Saison werden an Messen platziert (gemäß Gesprächen mit Fachleuten). Käufer sind vor allem Großhändler, teilweise auch Detailhändler.

In der Schweiz werden eigene Außendienstmitarbeiter die Sportfachhändler und Verkaufsgruppen besuchen. Die Zahl der Außendienstmitarbeiter wird den Verkaufszahlen entsprechend angepasst.

Für die Auslandexpansion sind wir mit verschiedenen Generalimporteuren in Kontakt. Feinverteilung, Lagerung und Werbung werden über sie abgewickelt. Von Vertriebsorganisationen in Österreich und Deutschland haben wir bereits Zusagen.

Die Auslieferung unserer Bindungen erfolgt in der Schweiz direkt ab unserem eigenen Lager an die Sportfachhändler und die Einkaufsorganisationen mit einem eigenen Vertrieb. Im Ausland werden nur die Importeure beliefert.

Promotion

Sind die Snowboarder erst einmal von der Bindung überzeugt und wollen sie kaufen, dann werden die Händler die Bindung auch in ihr Sortiment aufnehmen. Diesen Prozess werden wir gezielt mit Kampagnen und anderen Werbemaßnahmen unterstützen.

Das Budget für Werbung an Endkunden und Handel beträgt im Jahr der Lancierung rund 150'000 CHF. Mit der geografischen Expansion wird auch das Budget wachsen. Im Geschäftsjahr 2012/2013 werden für Werbung etwa 900'000 CHF budgetiert. Internetauftritt, Werbeprospekte und kleinere Arbeiten werden von SnowTrack selbst produziert.

Snowboarder

Die Einführung unseres neuen Produktes soll eng mit den Idolen der Snowboardszene verbunden werden. Um die Sicherheitsbindung einer breiteren Öffentlichkeit vorzustellen, werden wir Snowboardprofis engagieren, die uns auch bei der Veröffentlichung von Artikeln in Zeitungen und Fachmagazinen behilflich sein können. In Snowboardcamps und an Testanlässen, die von SnowTrack organisiert oder gesponsert werden, können sich Snowboarder vom Komfort und von der Sicherheit unserer Bindung überzeugen.

Weiter werden wir Produktwerbung vor Ort betreiben: In Talstationen von Sesselbahnen/Skiliften und Schneebars laufen Promoclips über den Bildschirm. Dabei erfährt der Snowboarder vom neuen Produkt, zugleich wird dem Skifahrer, für den Snowboarden bisher nicht sicher genug war, das Snowboarden schmackhaft gemacht.

Mit einem Werbefilm, welcher per E-Mail nach dem Schneeballprinzip verschickt wird, wird eine kostengünstige und effektive Werbekampagne lanciert. Dabei soll immer die sichere „Action" im Vordergrund stehen.

Kosten fallen vor allem für das Engagement der Snowboardprofis, die Organisation und Durchführung von Testanlässen und Snowboardcamps sowie für die Promoclips und die Werbung in Magazinen an.

Händler

Gezielt werden wir den Detailhändler im Verkauf unterstützen: Er muss das Produkt kennen und dem Verbraucher die richtigen Argumente für seinen Kaufentscheid geben können. Zudem muss er das Produkt im Verkaufsladen auffällig präsentieren. Dafür werden wir Promomaterial und Verkaufssupport vor Ort bereitstellen.

Snowboardvermieter

Die Snowboardvermieter werden wir in der Handhabung der Bindung instruieren. Wir werden ihnen für eine beschränkte Zeit Bindungen zur Verfügung stellen.

Weitere Ansprechpartner

Wir sind im Gespräch mit Krankenkassen, die sich bereit erklärt haben, Unfallpräventionskampagnen für den Snowboardsport zu führen, weil sie von Sicherheitsbindungen dank weniger Unfälle direkt profitieren können. Für SnowTrack entstehen dadurch keine Kosten.

Preis

Ein qualitativ hochwertiges Produkt muss zu einem angemessenen Preis verkauft werden, damit es als solches wahrgenommen wird. Wichtig für uns ist, dass sich die Händler an unsere Preisempfehlung halten und das Produkt nicht billiger anbieten. Eigene Recherchen haben gezeigt, dass Sicherheit mit hoher Qualität und gehobenem Preis in Verbindung gebracht wird. Stimmen diese Elemente nicht zusammen, wirkt sich dies direkt auf die Akzeptanz des Produkts aus.

Die Marktpreise (Verkaufspreis an Endkunden) von Step-in-Bindungen bewegen sich zwischen 200 und 350 CHF, wobei der Großteil der Bindungen über 250 CHF kostet. Gespräche mit Detailhändlern haben ergeben, dass der von uns veranschlagte Einführungspreis für die Bindung ST PRO von 280 CHF realistisch ist.

Es erfordert Zeit, die Produktionskapazitäten aufzubauen. Mit einem Preis im oberen Preissegment wollen wir die Nachfrage bewusst so steuern, dass wir mit den Lieferungen von ST PRO nachkommen. Ist die Produktion aufgebaut, wird mit einer modifizierten Bindung (Modell ST EASY) ein tieferes Preissegment angegangen. Der Einführungspreis für Endkunden für diese Version wird auf 220 CHF festgelegt. Die Einführung ist für die Saison 2009/2010 geplant.

Die Marge der Händler beträgt in der Schweiz 70 bis 100 % auf den Produkten. Die Preistabelle auf Seite 20 bezieht sich auf Händler-Einkaufspreise. Die Marge, welche die Händler bei empfohlenem Verkaufspreis erhalten, beträgt im Jahr 2012/2013 für ST PRO rund 80 % und für ST EASY rund 90 %. Mit Bekanntwerden des Namens SnowTrack und steigendem Absatz werden wir in der Lage sein, höhere Verkaufspreise zu erzielen. Preise für den Export sind tiefer, da die Distribution nicht von SnowTrack mitgetragen wird.

Verkaufspreise an Händler/empfohlener Endverkaufspreis

in CHF	2008/2009	2009/2010	2010/2011	2011/2012	2012/2013
ST PRO					
Schweiz	155/280	160/290	160/290	160/290	165/295
Ausland*	130/280	135/290	135/290	135/290	140/295
ST EASY					
Schweiz*	–/–	120/220	120/220	125/240	125/240
Ausland*	–/–	110/220	110/220	115/240	115/240

* Kann dem Preisniveau der jeweiligen Länder angepasst werden

5. Geschäftssystem und Organisation

5.1 Das Geschäftssystem

SnowTrack ist ein fokussierter Hersteller hochwertiger Step-in-Bindungen für Snowboards. Entwicklung und Marketing erachten wir als unsere Kernkompetenzen; entsprechendes Know-how steht intern bereits zur Verfügung. Spezifisches Know-how im Bereich Produktion wird durch die Rekrutierung eines Produktionsleiters eingebracht. Der Vertrieb wird branchenüblich vorwiegend über den Detailhandel abgewickelt. Das Produkt wird bei ausgewählten Händlern vor Ort vorgestellt, zudem werden Marketingunterlagen abgegeben. Mit gezielter Werbung wird das Produkt direkt dem Endkunden bekannt gemacht, und das Verlangen nach sicheren Bindungen wird gefördert.

Wertschöpfungskette von Snowboardbindungen und Fokus von SnowTrack

5.2 Organisationsstruktur und Führungsstil

Die Organisation für SnowTrack widerspiegelt die Ausrichtung unseres Unternehmens nach obigem Geschäftssystem. Je ein Mitglied des Unternehmerteams ist für die Entwicklung, die Produktion sowie Marketing und Verkauf verantwortlich. Zusätzlich sind die beiden Bereiche Finanzen sowie Personal und Administration vorgesehen. Mit Ausnahme des Produktionsleiters, der noch gesucht wird, wirken der künftige Geschäftsleiter sowie alle Bereichsverantwortlichen bereits heute im Gründungsteam vollzeitlich mit.

Organisationsstruktur

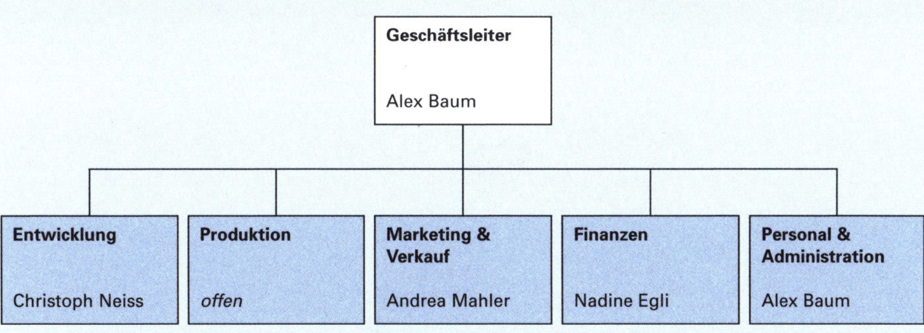

Die ausgesprochene Saisonalität des Geschäfts hat bei zeitlicher Verzögerung in der Produktion schwerwiegende Folgen für Umsatz und Mitarbeiter. Es wird deshalb eine Unternehmenskultur gepflegt, in der Innovation, höchste Ausführungsqualität und persönliches Engagement überall zum Ausdruck kommen.

5.3 Betriebs- und Produktionsstandort

Viele Nischenanbieter in der Snowboardindustrie haben eine eigene Produktion und können so den Herstellungsprozess kontrollieren. Auch SnowTrack wird eine eigene Produktion betreiben, um die gegenüber einer Fremdvergabe möglichen Vorteile wie enge Qualitätskontrolle, geringere Abhängigkeit von Lieferanten, flexible Produktionssteuerung und Auslieferung zu nutzen. Die Frage der Auslastung der Produktion ist angesichts des saisonalen Charakters unseres Geschäfts besonders wichtig. Wir werden das ganze Jahr produzieren, wobei im Sommer die größte Auslastung erwartet wird.

Der Prototyp für SnowTrack wird in einer gemieteten Werkstatt erstellt. Die Werkstatt befindet sich in einer großen Industriehalle in Zürich, welche nur mehr teilweise genutzt wird. Die Infrastruktur der Industriehalle ist für eine Serienproduktion in kleinem Maßstab bestens geeignet. Verkehrstechnisch ist die Halle gut erschlossen. Zudem ist die gute Lage für qualifizierte Mitarbeiter attraktiv. Die günstigen Mietkonditionen sowie die Möglichkeit, weitere Räumlichkeiten zu mieten, ermöglichen es, die in den nächsten zwei Jahren erwarteten Mengen hier zu produzieren.

Der Raumbedarf beschränkt sich anfänglich auf einen zusätzlichen Produktionsraum, einen Lagerraum für Rohmaterialien und Fertigprodukte sowie zwei Büros.

5.4 Produktion

Die Prototypen unserer Step-in-Bindung sind in Entwicklung. Für die Serienreife sind noch weitere Abklärungen und Tests in Bezug auf Materialien und Produktion nötig. Für die genaue Planung und den Einkauf von Produktionsmaschinen, Werkzeugen und anderen Materialien sind wir auf einen erfahrenen Produktionsleiter angewiesen. Gespräche mit Fachleuten haben gezeigt, dass die für unser Produkt erforderlichen Produktionstechnologien auf dem Markt erhältlich sind.

Die Auswahl und Beschaffung qualitativ hoch stehender Materialien ist für SnowTrack zentral. Eine Bindung kann nur Sicherheit vermitteln, wenn sie auch aus hochwertigen Materialien besteht und dies optisch wahrnehmbar ist.

Montage der Bindungsteile und Qualitätskontrolle der fertigen Bindung werden vollumfänglich von SnowTrack vorgenommen. Die Bindungen werden anfänglich von Hand, mit wachsenden Stückzahlen teilweise auch automatisiert montiert. Dank der Handmontage sind zu Beginn der Produktion keine großen Investitionen erforderlich.

Die Verarbeitungskosten der Bindungen unterliegen keinen großen Skaleneffekten. Mit zunehmender Stückzahl können die Einkaufspreise für die Materialien gesenkt werden.

Materialkosten und Verarbeitungskosten

in CHF	2008/2009	2009/2010	2010/2011	2011/2012	2012/2013
Materialkosten pro Stück					
ST PRO	45	42	36	36	30
ST EASY	0	37	30	29	28
Verarbeitungskosten pro Stück	119	33	25	24	23

5.5 Personalplanung

Die Anzahl Mitarbeiter wird vor allem durch die Anzahl produzierter Bindungen und die geografischen Absatzräume bestimmt. Die erste Serie wird in der Saison 2008/2009 auf dem Markt sein, wobei bereits auch erste Lieferungen ins Ausland erfolgen werden. Die Produktion für die erste Serie findet 2007/2008 statt. Die Personalplanung für die ersten sechs Jahre sieht wie folgt aus (inklusive Unternehmerteam):

Personalplanung nach Funktion

Anzahl Personen

	2007/2008	2008/2009	2009/2010	2010/2011	2011/2012	2012/2013
Entwicklung	1	2	3	3	3	3
Produktion	2	5	6	8	15	23
Marketing & Verkauf	3	6	7	8	10	13
Finanzen	1	1	1	2	2	2
Personal & Administration	1	2	2	3	3	3
Total Personal	**8**	**16**	**19**	**24**	**33**	**44**

6. Realisierungsfahrplan

Bis heute wurden bereits das Pflichtenheft erstellt, die Materialien definiert und die Zeichnungen angefertigt. Die Berechnungen sind beinahe abgeschlossen. In zwei Monaten wird der Prototyp für das Modell ST PRO vorliegen. Im nächsten Jahr gilt der Fokus im Bereich Entwicklung und Produktion dem Aufbau der Produktion. Anfang 2008 werden die ersten Modelle zum Verkauf bereit sein.

Im Bereich Marketing und Verkauf wird im nächsten Jahr ein dezidierter Marketingplan erstellt. Ein Internetauftritt ist bis im vierten Quartal 2007 realisiert. Weiter gilt es fortan, Kundenbeziehungen aufzubauen, sowohl zu Sportgeschäften und Detailhändlern in der Schweiz als auch zu den Landesimporteuren.

Entwicklungsplan

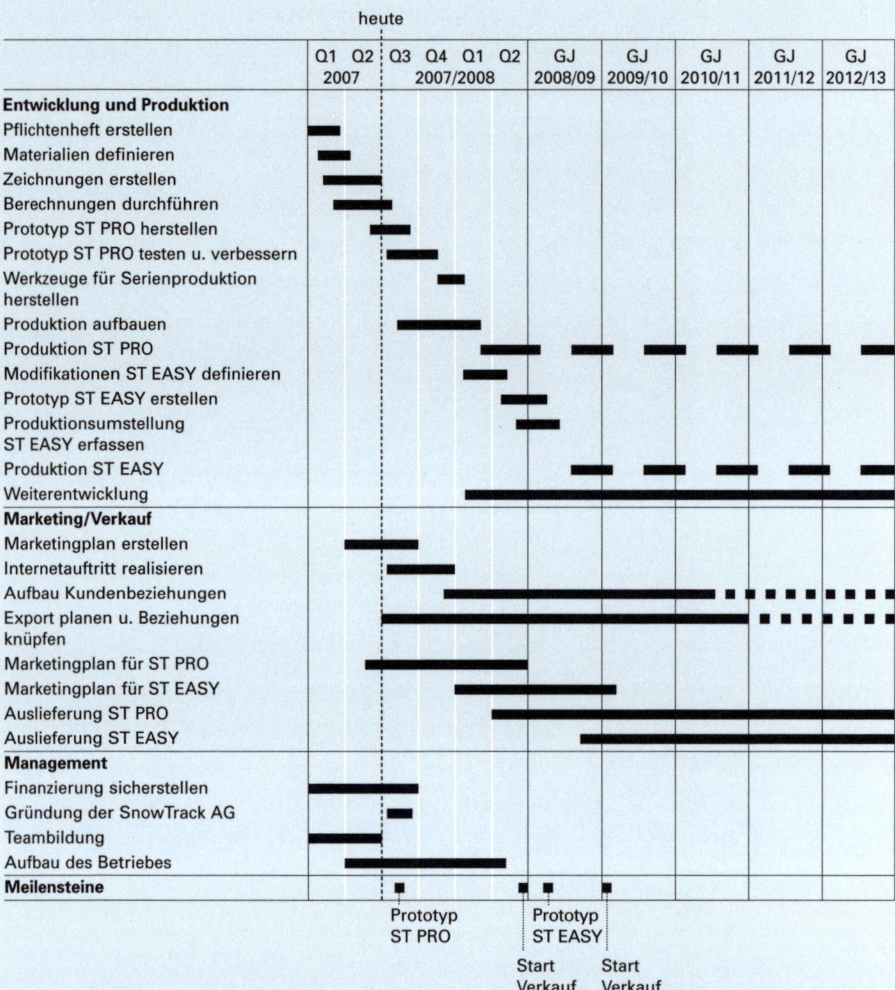

7. Risikoanalyse

Der Erfolg einer neuen Sicherheitsbindung ist von vielen Faktoren abhängig. SnowTrack ist ein neues Produkt für einen bestehenden Markt. Mögliche Risiken sind analysiert; Maßnahmen, um diese Risiken zu minimieren, sind vorgesehen.

Händler: Werden die Händler ein neues Produkt unterstützen?

Der Verkaufsplatz in einem Sportgeschäft ist beschränkt. Viele Händler haben Verträge mit großen Brands und werden von diesen auch gut unterstützt, etwa durch Verkaufshilfsmittel, Werbematerialien, Ausbildung der Verkäufer. Händler möchten nur solche Artikel einkaufen, die beim Kunden ankommen. Neue Ideen finden zwar gerade unter Sportbegeisterten immer wieder großen Anklang, dennoch bergen sie für den Händler das Risiko, dass sie am Lager bleiben.

In ersten Gesprächen mit Händlern haben wir eine positive Grundhaltung gegenüber unserem Produkt feststellen können; diese Gespräche werden fortgeführt. Zusätzlich wird durch die Nachfrage der Endkunden bei den Händlern ein positiver „Spin" entstehen; prominente Nutzer und Fachbeiträge sollen den nötigen Drive geben.

Endverbraucherseite: Stößt eine Sicherheitsbindung auf Akzeptanz?

Endverbraucher sind neuartigen Produkten gegenüber meist kritisch eingestellt. Gespräche mit Fachleuten haben gezeigt, dass mit gezielten Werbeaktionen und Produktdemonstrationen vor Ort durch Profiboarder darauf hingewirkt werden kann, Akzeptanz für eine Sicherheitsbindung zu schaffen.

Unternehmen: Wie überlebt das Unternehmen den Sommer?

Das Snowboardgeschäft ist naturgemäß zyklisch. Umsätze, die im Winter nicht erzielt werden, können im Sommer kaum nachgeholt werden. Ein Produkt in einer Wintersaison erfolgreich zu lancieren, birgt wegen der kurzen Zeit auch ein erhöhtes Risiko. Mit einem rigorosen Controlling aller Aktivitäten und einer frühzeitigen Planung wird auf diesen Aspekt eingegangen.

Wettbewerb: Große Produzenten adaptieren schneller als erwartet

Die großen Produzenten von Bindungen werden nicht tatenlos zusehen, wie ihr Marktanteil schwindet. Sie werden bei einer erfolgreichen Lancierung von SnowTrack alles daransetzen, ein ähnliches Produkt in ihr Sortiment aufzunehmen. Mit dem Patent haben wir eine erste

Hürde geschaffen, die uns einen Zeitvorteil gibt. Diesen Vorsprung wollen wir mit neuen Innovationen halten. Zudem werden wir mit Produzenten das Gespräch suchen, um herauszufinden, ob Interesse an einer Lizenzierung besteht.

Produktion: Kein Umsatz wegen schlechter Qualität

Die Qualität der Materialien und der Verarbeitung ist für eine Sicherheitsbindung von zentraler Bedeutung. Qualitativ ungenügende Produkte im Umlauf haben schwerwiegende Folgen für den Namen SnowTrack und den Umsatz. Mit akribischen Qualitätskontrollen für den Wareneingang und -ausgang sowie mit der Überprüfung der Prozessqualität wirken wir diesem Risiko entgegen. Auch wird eine ISO-Zertifizierung angestrebt, um dieses Risiko zu mindern.

Umwelt: Wenig Schnee bedeutet wenig Absatz

Da sich ein schneearmer Winter direkt auf die Verkaufszahlen auswirkt, muss diesem Aspekt viel Beachtung geschenkt werden. Mit vielseitigen Aufgabenbereichen für die Mitarbeiter und teilweise Anstellungen im Stundenlohn bei großer Auslastung wird diesem Risiko entgegengewirkt.

Neben diesen qualitativen Aspekten haben wir die Risiken in verschiedenen Szenarien quantitativ abgeschätzt. Die Szenarien sind im Finanzplan integriert.

8. Finanzplanung

8.1 Umsatzplan

Wir erwarten, dass SnowTrack im Winter 2012/2013 weltweit rund 88'000 Snowboard-Bindungen absetzen kann; bei einem Umsatz von 11,2 Mio. CHF rechnen wir mit einem Nettogewinn nach Steuern von 2,4 Mio. CHF.

Die Umsätze stammen zu Beginn aus dem Verkauf der ST PRO, wobei der Export rund drei Viertel ausmacht. In den Folgejahren wird die ST EASY zusätzlichen Umsatz generieren. Im Winter 2012/2013 wird der Export rund 85 % vom Umsatz ausmachen. Für den gesamten Bindungsmarkt wird zu diesem Zeitpunkt ein Marktanteil von 3 bis 8 % prognostiziert.

Das Geschäftsjahr von SnowTrack beginnt jeweils am 1. Juli.

8.2 Erfolgsrechnung

Im Jahr 2010/2011 wird mit 789'000 CHF oder 15 % vom Umsatz erstmals ein positives Betriebsergebnis (EBIT) erzielt. Die Herstellkosten der Bindungen betragen zu diesem Zeitpunkt rund 47 % vom Umsatz, die Bruttomarge 53 % vom Umsatz. Die Kosten für Marketing und Verkauf pendeln sich bei etwa 21 % vom Umsatz ein, wovon die Hälfte auf Werbung entfällt. Die Kosten für Entwicklungen bleiben in den Folgejahren mit rund 250'000 CHF auf konstantem Niveau. Die hohen Administrationskosten setzen sich im Jahr 2012/2013 aus 45 % Löhnen, 4 % Büromieten, 25 % Versicherungsprämien, 19 % Rückstellungen für nicht bezahlte Rechnungen sowie 7 % anderen Kosten zusammen.

Entwicklung von Umsatz, Bruttomarge und Reingewinn

in Mio. CHF

ERFOLGSRECHNUNG

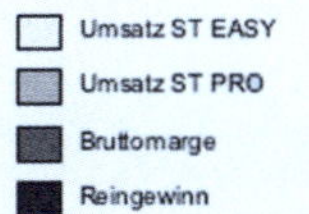

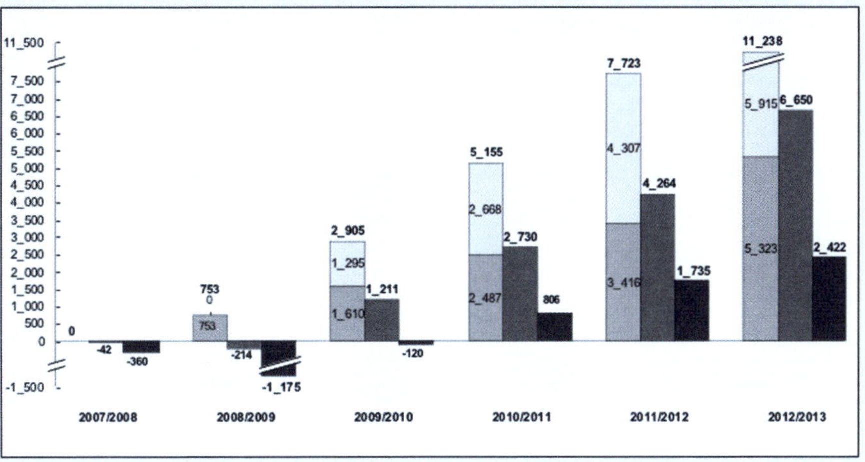

Erfolgsrechnung – Base Case

in Tausend CHF

	2007/2008	2008/2009	2009/2010	2010/2011	2011/2012	2012/2013
Umsatz						
ST PRO Schweiz	0	121	257	398	546	725
ST PRO Ausland	0	632	1'353	2'090	2'870	4'598
ST EASY Schweiz	0	0	193	398	640	879
ST EASY Ausland	0	0	1'102	2'270	3'667	5'036
Total Umsatz	**0**	**753**	**2'905**	**5'155**	**7'723**	**11'238**
Kosten der erbrachten Leistungen	**42**	**968**	**1'694**	**2'425**	**3'459**	**4'588**
Bruttomarge	**–42**	**–214**	**1'211**	**2'730**	**4'264**	**6'650**
In % des Umsatzes	–	–28 %	42 %	53 %	55 %	59 %
Betriebskosten						
Entwicklung/Engineering	55	152	237	247	258	269
In % des Umsatzes	–	20 %	8 %	5 %	3 %	2 %
Marketing & Verkauf	155	539	772	1'062	1'531	2'290
In % des Umsatzes	–	72 %	27 %	21 %	20 %	20 %
Administration	113	270	331	631	729	851
In % des Umsatzes	–	36 %	11 %	12 %	9 %	8 %
Total Betriebskosten	**323**	**961**	**1'341**	**1'941**	**2'518**	**3'410**
In % des Umsatzes	–	128 %	46 %	38 %	33 %	30 %
Betriebsgewinn (EBIT)	**–365**	**–1'176**	**–129**	**789**	**1'746**	**3'240**
In % des Umsatzes	–	–156 %	–4 %	15 %	23 %	29 %
Finanzaufwand	0	0	0	0	0	0
Finanzertrag	5	1	9	17	41	78
Gewinn vor Steuern	**–360**	**–1'175**	**–120**	**806**	**1'787**	**3'318**
Ertragssteuern	0	0	0	0	52	896
Reingewinn	**–360**	**–1'175**	**–120**	**806**	**1'735**	**2'422**
In % des Umsatzes	–	–156 %	–4 %	16 %	22 %	22 %
EBITDA	**–362**	**–1'165**	**–109**	**824**	**1'811**	**3'354**
In % des Umsatzes	–	–155 %	–4 %	16 %	23 %	30 %

8.3 Bilanz

Das saisonale Geschäft bedingt einen hohen Lagerbestand. Auch fallen die Debitoren aufgrund langer Zahlungsziele hoch aus. Das Umlaufvermögen wird deshalb vor allem über Eigenkapital finanziert. Im Jahr 2011/2012 wird der Verlust-/Gewinnvortrag erstmals positiv ausfallen. Mit den flüssigen Mitteln im Jahr 2012/2013 von 3,9 Mio. CHF wird eine Investition in einen Vertriebsstandort in den USA in Erwägung gezogen.

Bilanz – Base Case

in Tausend CHF

	2007/2008	2008/2009	2009/2010	2010/2011	2011/2012	2012/2013
AKTIVEN						
Umlaufvermögen						
Flüssige Mittel	245	64	449	848	2'033	3'913
Netto-Forderungen an Kunden (Debitoren)	0	62	239	424	635	924
Vorräte/Lager (60 Tage)	7	159	278	399	569	754
Total Umlaufvermögen	**252**	**285**	**967**	**1'670**	**3'236**	**5'591**
Brutto-Anlagevermögen	10	52	133	322	642	1'114
Minus kumulierte Abschreibungen	3	14	34	68	134	248
Netto-Anlagevermögen	**7**	**38**	**99**	**254**	**508**	**866**
TOTAL AKTIVEN	**259**	**323**	**1'066**	**1'924**	**3'745**	**6'457**
PASSIVEN						
Fremdkapital						
Kurzfristiges Fremdkapital						
Offene Rechnungen von Dritten (Kreditoren)	1	21	76	112	162	209
Lohnrückstellungen	18	36	45	60	84	115
Steuerrückstellungen	0	0	0	0	13	224
Total kurzfristiges Fremdkapital	**19**	**57**	**121**	**172**	**259**	**548**
Langfristiges Fremdkapital						
Darlehen und Hypotheken	0	0	0	0	0	0
Total langfristiges Fremdkapital	**0**	**0**	**0**	**0**	**0**	**0**
Total Fremdkapital	**19**	**57**	**121**	**172**	**259**	**548**
Eigenkapital						
Aktienkapital Unternehmerteam	200	200	200	200	200	200
Aktienkapital Investoren	99	203	280	280	280	280
Kapitalreserven (Agio)	301	1'397	2'120	2'120	2'120	2'120
Verlust-/Gewinnvortrag	–360	–1'534	–1'655	–848	886	3'309
Total Eigenkapital	**240**	**266**	**945**	**1'752**	**3'486**	**5'909**
TOTAL PASSIVEN	**259**	**323**	**1'066**	**1'924**	**3'745**	**6'457**

8.4 Cashflow-Rechnung

Mitte 2010/2011 resultiert erstmals ein positiver Cashflow aus der Geschäftstätigkeit. Geldmittel werden vor allem durch den Aufbau des Lagers und der Debitoren gebunden. Für die Produkterstellung werden anfänglich keine großen Investitionen getätigt, da die Bindungen zu Beginn von Hand montiert werden. Mit der Zunahme der Automatisierung werden auch die Investitionen größer. Um zahlungsfähig zu bleiben, werden bis ins Jahr 2009/2010 Geldmittel durch Kapitalerhöhungen aufgenommen. Darlehen und Hypotheken sind vorerst keine vorgesehen. Mit flüssigen Mitteln von mindestens 60'000 CHF am Ende jedes Geschäftsjahres ist die Liquidität sichergestellt.

Cashflow-Rechnung – Base Case

in Tausend CHF

	2007/2008	2008/2009	2009/2010	2010/2011	2011/2012	2012/2013
Geschäftstätigkeit						
Betriebsgewinn	−365	−1'176	−129	789	1'746	3'240
– bezahlte Steuern	0	0	0	0	52	896
+ Zinsertrag	5	1	9	17	41	78
+ Abschreibungen/Amortisation	3	11	20	35	66	114
– Veränderung Debitoren	0	62	177	185	211	289
– Veränderung Vorräte	7	152	119	120	170	186
+ Veränderung Kreditoren	1	20	55	37	49	48
+ Veränderung Lohnrückstellungen	18	19	9	15	24	31
+ Veränderung Steuerrückstellungen	0	0	0	0	13	211
Cashflow aus Geschäftstätigkeit	**−345**	**−1'339**	**−333**	**587**	**1'505**	**2'351**
Investitionstätigkeit						
– Bruttoinvestition in Sachanlagen	10	42	81	189	320	472
Cashflow aus Investitionstätigkeit	**−10**	**−42**	**−81**	**−189**	**−320**	**−472**
Finanzierungstätigkeit						
+ Darlehen und Hypotheken	0	0	0	0	0	0
+ Aktienkapital Unternehmerteam	200	0	0	0	0	0
+ Kapitalerhöhung Investoren	400	1'200	800	0	0	0
Cashflow aus Finanzierungstätigkeit	**600**	**1'200**	**800**	**0**	**0**	**0**
Total Veränderung Cash	245	−181	386	398	1'185	1'879
+ Flüssige Mittel zu Beginn des Jahres	0	245	64	449	848	2'033
Flüssige Mittel am Ende des Jahres	**245**	**64**	**449**	**848**	**2'033**	**3'913**

8.5 Cash-Bedarf, Szenarien und Sensitivitäten

Der Cash-Bedarf in den ersten sechs Betriebsjahren ist aus unten stehender Grafik ersichtlich. Gemäß Base Case (Finanzplan) besteht ein Finanzierungsbedarf von mindestens 2,5 Mio. CHF. Der Break-even wird Ende 2010/2011 erwartet, der Payback Mitte 2012/2013.

Die Szenarien für den günstigsten und den ungünstigsten Fall basieren auf Veränderungen bezüglich der Anzahl abgesetzter Bindungen, der Herstellungskosten und der Händlerpreise.

- Best Case: Der günstigste Fall geht von 5 % mehr verkauften Bindungen, von 10 % tieferen Herstellkosten und von 5 % höheren Händlerpreisen aus. Sowohl der Break-even wie auch der Payback werden ein halbes Jahr früher als beim Base Case erwartet.
- Worst Case: Der ungünstigste Fall geht von 5 % weniger verkauften Bindungen, von 10 % höheren Herstellkosten und von 5 % tieferen Händlerpreisen aus. Der Break-even wird in diesem Fall Mitte 2011/2012 erwartet, der Payback im Geschäftsjahr 2014/2015.

Kumulativer Cash-Bedarf

ohne externe Finanzierung, in Mio. CHF

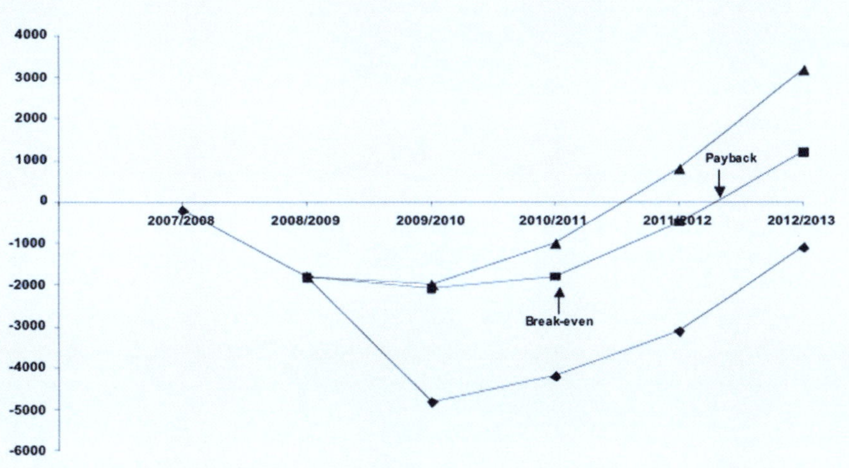

8.6 Annahmen für das Finanzmodell

Umsatz

- Der erste Umsatz wird im Geschäftsjahr 2008/2009 erzielt
- Verkaufspreise an Händler werden im Kapitel „Marketing" aufgeführt

Kosten für Materialeinkauf

- Die Kosten für den Materialeinkauf werden im Kapitel „Geschäftssystem und Organisation" erläutert

Betriebskosten

- Monatslöhne entsprechen gängigen „Marktpreisen"
- Berater für Revision werden zu Marktlöhnen bezahlt
- Anteil Sozialkosten an den Lohnkosten beträgt 25 %
- Lohnanstieg in den ersten fünf Jahren insgesamt 5 %
- Das Modell für die Anzahl Angestellte ist in „Geschäftssystem und Organisation" aufgeführt
- Umsatzprovision für Verkäufer beträgt 1 %
- Nebenkosten pro Person sind wie folgt berechnet:

Kosten pro Person (CHF)/Monat	Büromaterial	Reisekosten	Kommunikation
Produktion	80	100	50
Entwicklung	40	150	60
Marketing & Verkauf	30	800	200
Administration	40	150	70

- Miete pro Quadratmeter und Jahr (CHF): Büro 160; Produktion und Lager 80
- Rückstellungen für nicht bezahlte Rechnungen betragen 2 % des Umsatzes
- Zinserträge auf die liquiden Mittel betragen 2 %
- Die Ertragssteuer beträgt 27 %

Bilanz

- Offene Rechnungen werden innerhalb von 30 Tagen beglichen (Kreditoren wie Debitoren)
- Wareneinkäufe werden im Durchschnitt 90 Tage vor dem Verkauf des Produktes getätigt
- Das Anlagevermögen umfasst Computer, Software, Büroausstattung, Maschinen, Werkzeuge und Immobilien
- Abschreibungsdauer (in Jahren): Computer: 3; Einrichtungen: 6; Anlagen: 10
- Die Rückstellung für Löhne entspricht der Hälfte eines Gesamtmonatssalärs
- Steuern werden am Ende der Steuerfrist bezahlt

8.7 Finanzierung und Unternehmensbewertung

Die anfängliche Finanzierung von 200'000 CHF ist durch Eigenmittel der Gründer sichergestellt. Dieser Betrag wird für die Entwicklung des Prototyps ST PRO verwendet. Wir erwarten, bis Ende August 2007 im Austausch von 33 % des Aktienanteils von SnowTrack 400'000 CHF zu erhalten. Mit diesem Geld werden wir den Prototyp bis zur Serienreife vorantreiben, die Produktion einrichten und das Marketing einleiten.

Die zweite Finanzierungsrunde ist für Anfang 2008 vorgesehen. Wir wollen weitere 1,2 Mio. CHF beschaffen, die für die Produktion der ST-PRO-Serie und deren Vermarktung bestimmt sind. Für diesen Betrag werden 26 % des Aktienkapitals von SnowTrack angeboten.

Um das Wachstum und die Produktion der zweiten Bindungsversion ST EASY zu finanzieren, werden in einer dritten Finanzierungsrunde im Jahr 2009 weitere 800'000 CHF benötigt. Es ist vorgesehen, für diesen Betrag 16 % Eigenkapital zu verkaufen. Nach dieser Runde wird sich SnowTrack bis zum Börsengang intern finanzieren können.

Finanzierungsrunden und Unternehmensanteil

CHF	Datum	Betrag (CHF)	Quelle	Unternehmensanteil		
				Runde 1	Runde 2	Runde 3
Eigene Reserven	März 2007	200'000	Gründer	67 %	50 %	42 %
Runde 1	August 2007	400'000	Venture Capital	33 %	24 %	20 %
Runde 2	Anfang 2008	1'200'000	Venture Capital	–	26 %	22 %
Runde 3	2009	800'000	Venture Capital	–	–	16 %

Für die Investoren der ersten Runde beträgt die IRR bei einem Verkauf der Anteile im Jahr 2012/2013 35 %, wie unten stehend gezeigt. Der Unternehmenswert beträgt in diesem Jahr 12,0 Mio. CHF, bei Verwendung eines aus Vorsichtsgründen tief gewählten Multiples von 5.

Unternehmensbewertung und IRR

Unternehmensbewertung	
Erwarteter Reingewinn im Jahr 2012/2013 (in Mio. CHF)	2,4
Multiple (Erwartungswert)	5
Unternehmenswert im Jahr 2012/2013 (in Mio. CHF)	12

IRR für den Investor der 1. Runde	
Anteil am Unternehmen im Jahr 2007/2008	20 %
Anteilswert im Jahr 2007/2008 (in Mio. CHF)	2,4
Eingesetztes Kapital (in Mio. CHF)	0,4
IRR für den Investor der 1. Runde*	35 %

$$* \; 2,4 \times \frac{1}{(1+IRR)^6} = 0,4$$

From whom you raise capital is often more important than the terms. New ventures are inherently risky; what can go wrong will. Sophisticated investors roll up their sleeves and help the company solve its problems.

William A. Sahlmann
Harvard-Professor

Eigenmittelbeschaffung und Unternehmensbewertung

The good thing about talking to a venture capitalist is that they bring you down to earth. It's not that they're negative, but they'll give you a feel for what it will really need to succeed.

Eugene Kleiner
Venture Capitalist

Eigenmittelbeschaffung und Unternehmensbewertung

Im Businessplan ist der Mittelbedarf für das zukünftige Unternehmen quantifiziert. Wie lässt sich dieser Bedarf nun decken? Sie werden vermutlich schnell feststellen, dass Geld in Form von Fremdkapital, zum Beispiel Bankkredite oder Hypotheken, jungen Unternehmen kaum zur Verfügung gestellt wird. Es kommt häufig nur die Beteiligung eines Investors am Eigenkapital in Frage. Weil dies für interessierte Investoren eine mehrjährige, risikoreiche Anlage bedeutet, werden sie eine bestimmte Rendite sowie einen bestimmten Unternehmensanteil erwarten. Darüber werden Sie sich mit dem Investor in Verhandlungen einigen müssen. Grundlage dafür ist eine „Unternehmensbewertung". Neben dem rein Finanziellen schätzen Unternehmerteams genauso die Unterstützung des Investors in Form von „smart money". Da sein Engagement mehrere Jahre dauern wird, ist es entscheidend, in der Verhandlung die Basis für eine vertrauensvolle Zusammenarbeit zu schaffen.

In diesem Kapitel erfahren Sie,

- welche unterschiedlichen Interessen sich bei einem Deal gegenüberstehen;
- wie sich der Weg zum Deal gestaltet;
- wie als Vorbereitung dazu ein Unternehmen bewertet werden kann;
- was in den Verhandlungen zu beachten ist;
- wie Sie bei weiteren Kapitalerhöhungen vorgehen.

Sie haben den Businessplan für Ihr Unternehmen erstellt und erkennen nun, dass die Beteiligung eines Kapitalgebers notwendig ist. Sie werden also geeignete Kapitalgeber ausfindig machen, deren Interesse wecken und verhandeln müssen. Geld wird nie einfach gratis zur Verfügung gestellt. Dem Bargeld der Investoren kann das Unternehmerteam vor allem ein Versprechen gegenüberstellen – normalerweise keine gute Verhandlungsposition. Dennoch können Sie in aller Regel einen fairen Deal erwarten, weil auch der professionelle Investor Interesse daran hat, dass das Team erfolgreich ist.

Die Interessen des Unternehmerteams

Wenn Sie mit einer kleinen Firma zufrieden sind, dann sind Sie wahrscheinlich mit Familiengeldern, Darlehen von Bekannten und Bankkrediten gut beraten. Sie behalten dadurch zwar die Kapitalmehrheit, schränken jedoch Ihre Wachstumschancen erheblich ein. Klären Sie auch ab, ob anderweitig „billiges" Geld zur Verfügung steht, zum Beispiel staatliche Fördermittel. Gelegentlich greifen Start-ups auf sogenannte Business Angels zurück, das heißt Privatinvestoren wie (ehemalige) Unternehmer, die im Vergleich zu Venture Capitalists meist kleinere Beträge investieren, dafür aber geringere Informationsauflagen machen. Aufgrund eigener Erfahrungen können sie zudem bei nicht direkt finanziellen Fragen helfen.

Wenn Sie dagegen rasch expandieren möchten, sind Sie in der Regel auf Kapital von Venture Capitalists oder ähnlichen Investoren angewiesen. Überlegen Sie sich zunächst, ob Ihr Kapitalbedarf wirklich so hoch ist, wie Sie derzeit denken. Ein Venture Capitalist wird einen gewichtigen Anteil an der Firma beanspruchen; vielleicht müssen Sie sogar die Kapitalmehrheit abgeben. Professionelle Investoren haben in der Regel aber kein Interesse daran, die Firma zu leiten, solange Sie die Zielvorgaben erfüllen.

Bedenken Sie, dass es in den Verhandlungen nicht nur um Finanzielles geht. Wichtig für Sie ist, dass ein Kapitalgeber Ihr Team aktiv im Management unterstützen will, durch geografische Nähe dies auch kann, und dass er Fachwissen (zum Beispiel Rechts- oder Marktkenntnisse) und Kontakte einbringen wird. Dieses sogenannte Smart Money ist besonders wichtig in einer Zeit, in der ein Unternehmerteam auf fremde Erfahrung und Unterstützung angewiesen ist. Dies und eine gute „Chemie" zwischen dem Unternehmerteam und dem Kapitalgeber werden Ihnen rückblickend für den Unternehmenserfolg vermutlich viel wichtiger erscheinen als der Investitionsbetrag.

Überlegen Sie sich folgende Punkte:

- In welchem Umfang sind Sie bereit, Eigentumsrechte abzugeben?
- Welche nicht finanzielle Unterstützung erwarten Sie zusätzlich von Ihrem Investor?

Die Interessen der Kapitalgeber

Investoren beanspruchen eine dem Risiko entsprechende Rendite. Jedoch gibt es von Investor zu Investor markante Unterschiede, meist in folgenden Punkten:

- Umfang und Art des akzeptablen Risikos;
- Höhe der Investition;
- Inhalt und Umfang zusätzlich vereinbarter Rechte und Ansprüche, insbesondere im Hinblick auf Einflussmöglichkeiten (siehe „Term Sheet" im Abschnitt „Der Weg zum Deal");
- Zeithorizont für die geforderte Rendite.

Manche Investoren, zum Beispiel Industriekonzerne, haben neben dem finanziellen Interesse auch andere Gründe für eine Beteiligung, zum Beispiel strategische. So halten sich zum Beispiel Industriekonzerne dadurch ein „Window on Technology" offen – ein Fenster zu neuen Technologien und Märkten, aber auch zu möglichen Konkurrenten.

DER WEG ZUM DEAL

Hat ein Investor durch Ihren Businessplan Interesse an Ihrem Unternehmen und Ihrem Team gewonnen, wird es zu ersten Gesprächen und Vorverhandlungen kommen. Seine Absicht, konkrete Verhandlungen aufzunehmen, dokumentiert der Investor mit einem sogenannten Letter of Intent.

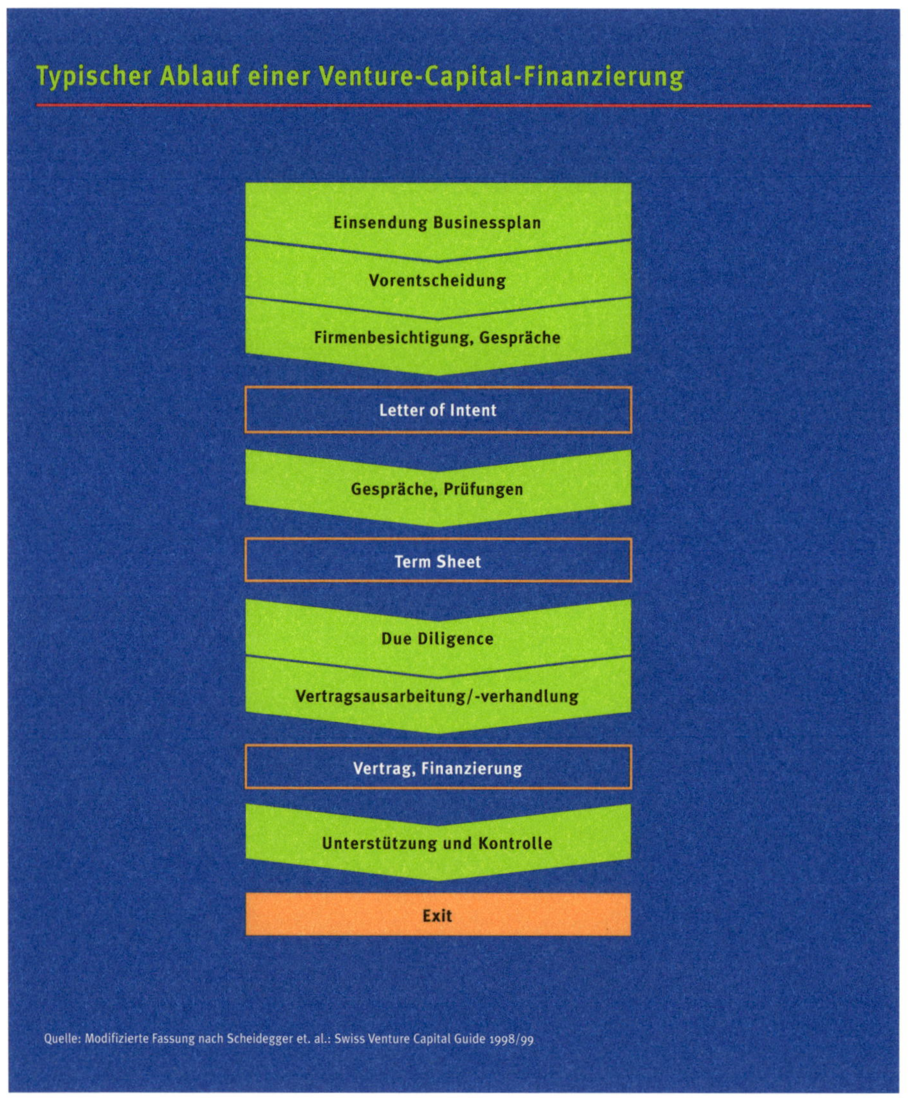

Nach ersten Prüfungen wird in der Regel ein Vorvertrag abgeschlossen, ein sogenanntes Term Sheet (Beispiel Seite 220–222). Es legt die finanziellen Aspekte der Beteiligung fest, also Höhe und Form der Einlage sowie den daraus folgenden Anteil des Kapitalgebers am Unternehmen, und regelt weitere wichtige Punkte wie

◆ Kontroll-, Informations- und Mitbestimmungsrechte;
◆ Mögliche Haftungsbeschränkungen der Vertragspartner und Vertraulichkeitserklärung;
◆ Form und Intensität der Managementunterstützung;
◆ Ausgestaltung möglicher Gewinnausschüttungen, Stock-Option-Pläne, Verfügungsrechte und Kapitalerhöhungen;
◆ Bindungsdauer des Kapitalgebers (Exit), Veräußerungs- bzw. Kündigungsrechte;
◆ Verfahren bei zusätzlichen Finanzierungen.

Bevor er sich für ein Engagement entscheidet, wird der Investor das Unternehmen nochmals im Detail beurteilen – man spricht von der sogenannten Due-Diligence-Prüfung. Wenn alle Gremien des Investors dem Vorvertrag zustimmen, offene Fragen in Verhandlungen geklärt sind und das Team die im Term Sheet genannten Voraussetzungen erfüllt, gelangt die Finanzierungsphase mit der Unterzeichnung des sogenannten Aktionärsbindungsvertrags zum Abschluss (Closing). Eines der wichtigsten Elemente in diesem ganzen Prozess ist das gegenseitige Vertrauen, leitet der Deal doch eine intensive Zusammenarbeit ein, die über Jahre dauert.

Term Sheet
zwischen Venture Capital Example und Start-up Company

Nachfolgend sind die wesentlichen Bestandteile hinsichtlich eines Erwerbs von Venture Capital Example – im Folgenden VCE – an der Start-up Company – im Folgenden SUC – dargestellt. Eine endgültige Einigung hängt von der Erfüllung der in diesem Vorvertrag genannten Voraussetzungen ab. Dieser Vorvertrag basiert auf den Informationen, die im Projektplan vom … 2006 enthalten sind, sowie auf weiteren Dokumenten im Anhang.

Gesellschaft: Die Rechtsform von SUC wird … sein. Sitz der Gesellschaft ist … Der zuständige Gerichtsstand ist …

Placement und zusätzliche Finanzierungen: VCE wird SUC Mittel in Höhe von … EUR zur Verfügung stellen; dies entspricht einer Anzahl Anteile von … mit einem Wert von … pro Anteil.

Ebenso steht den Gründern offen, eine Investition von … EUR zu machen. Hierfür gelten die gleichen wirtschaftlichen Bedingungen wie die der VCE.

Bei zukünftigen Finanzierungen wird …

> Regelung des Entscheidungsprozesses

> Regelung bzgl. Neuverteilung/Adjustierung der Anteile

Geschäftsanteile: Unter der Annahme, dass sowohl die Gründer als auch der Investor ihre Investitionen tätigen, werden unabhängig von der gewählten Rechtsform die Anteile der Gesellschaft wie folgt verteilt:

Gründer: … %

Investor: … %

Gewinnverwendung: Bezüglich der Verwendung zukünftiger Gewinne wurde vereinbart …

Stock-Option-Plan: Auf Basis eines Stock-Option-Planes sollen dem Vorstand, den Aufsichtsgremien und den Mitarbeitern bis zu … % des Stammkapitals zugeteilt werden (entsprechende Regelung siehe Anhang). Das Sonderkündigungsrecht für die Stock-Options gilt … Jahre.

<table>
<tr><td valign="top">Aktionärs-
bindungsvertrag:</td><td valign="top">Anlässlich des Closings werden die Gesellschafter einen Aktionärsbindungsvertrag vereinbaren, der nachfolgende Punkte umfasst:

  ❯ Verteilung der Stimmrechte in der Gesellschafterversammlung und Regelung des Vetorechts

  ❯ Vorerwerbsrechte der Gesellschafter

  ❯ Regelungen bezüglich Mitveräußerungen

  ❯ Regelungen über das Einziehen von Geschäftsanteilen

  ❯ Vertragsabreden und Wirksamkeit des Vertrages</td></tr>
<tr><td valign="top">Geschäftsführung:</td><td valign="top">Herr/Frau … wird zum Geschäftsführer/zur Geschäftsführerin der Gesellschaft ernannt.</td></tr>
<tr><td valign="top">Unternehmerteam:</td><td valign="top">Gründer der SUC sind …</td></tr>
<tr><td valign="top">Aufsichtsgremium:</td><td valign="top">Dem Aufsichtsgremium der Gesellschaft gehören bis zur weiteren Regelung … Mitglieder an. VCE hat das Recht, … Mitglieder zu bestimmen, von SUC werden … Personen benannt. Darüber hinaus werden … Personen als unabhängige Sachverständige dem Gremium angehören, die einvernehmlich von VCE und SUC bestimmt werden.</td></tr>
<tr><td valign="top">Verfügungsrechte:</td><td valign="top">Bei sämtlichen Verfügungen, Abtretungen und Verkäufen von Geschäftsanteilen der Gesellschaft wird nach folgendem Entscheidungs- und Zustimmungsprozess verfahren:

  ❯ …</td></tr>
<tr><td valign="top">Vorerwerbsrechte:</td><td valign="top">Wünscht ein Gesellschafter seine Anteile abzutreten, so ist der Abtretende verpflichtet, die Anteile, die er übertragen möchte, zunächst den übrigen Gesellschaftern anzubieten. Sollten die übrigen Gesellschafter dieses Angebot nicht oder nur teilweise annehmen, so wird …</td></tr>
<tr><td valign="top">Mitveräußerungs-
regelung:</td><td valign="top">Besteht von Dritten ein Kaufinteresse, so ist das weitere Vorgehen entsprechend den nachfolgenden Punkten geregelt:

  ❯ Regelung des Entscheidungsprozesses

  ❯ Dauer der Regelung</td></tr>
</table>

Regelungen zu Patenten und sonstigen Schutzrechten:	Bezüglich der Patente und sonstiger im Zusammenhang mit der Tätigkeit für die Gesellschaft oder im Tätigkeitsbereich der Gesellschaft gemachter Erfindungen und daraus resultierender Schutzrechte der Gesellschaft wurde vereinbart:

> Informationsrechte/-pflichten

> Eigentumsrechte an den Patenten/Schutzrechten

Vertraulichkeitserklärung:

Die Gründer, der Investor und alle Mitglieder des Aufsichtsgremiums sowie … sollen Vertraulichkeit wahren und dazu eine entsprechende Vertraulichkeitserklärung unterzeichnen.

Besondere Vereinbarungen:

Einvernehmlich wurden zu nachfolgenden Punkten Vereinbarungen getroffen:

> Strafen bei Verstoß gegen getroffene Vereinbarungen

> Verhandlungen mit Dritten

> Ggf. Exklusivität

> …

Closing:

Der Abschluss dieser Transaktion (im Folgenden Closing), auf den sich beide Vertragsparteien einigen, soll bis spätestens … erfolgt sein.

Als Voraussetzung für das Closing wurde vereinbart:

> Verfügbarkeit und Richtigkeit von Unterlagen und Informationen

> Genehmigungsprozess vor dem Vertragsabschluss

> Abschluss von Teilvereinbarungen (zum Beispiel Patente)

> …

Kosten:

Im Falle eines Closings trägt … alle Rechtskosten und andere Ausgaben im Zusammenhang mit dem Vertragsabschluss.

DIE UNTERNEHMENSBEWERTUNG

Venture Capitalists machen sich aufgrund ihrer Erfahrung mit Bewertungen schnell ein Bild davon, was ein Unternehmen wert ist und welchen Anteil sie fordern. Der Venture Capitalist geht also mit ganz klaren Vorstellungen in die Verhandlungen. Ihr Unternehmerteam kann höchstwahrscheinlich nicht auf solche Erfahrungen zurückgreifen. Machen Sie sich deshalb Ihr eigenes Bild vom Wert Ihres Unternehmens, und überlegen Sie sich, wie hoch und in welcher Form der Anteil des Kapitalgebers sein soll. Dazu müssen Sie eigene Abschätzungen machen.

Vorgehen des Venture Capitalists

Bei der Beurteilung eines Start-ups stützt sich der Venture Capitalist im Normalfall auf folgende Kriterien:

- Ist das Unternehmerteam erfahren, fähig und bereit, die Planung umzusetzen und persönliche Risiken zu tragen?
- Ist der Markt wachstumsfähig und attraktiv? Bietet das Produkt eine Plattform für spätere Entwicklungen?
- Ist der Wettbewerbsvorteil nachhaltig und ausbaufähig?
- Sind die Strategie und die operationelle Planung überzeugend?
- Inwieweit ist die Umsetzung fortgeschritten, und was sind erste Erfolge (zum Beispiel Patente oder Kunden)?
- Ist die erwartete Rendite realisierbar und eine spätere Veräußerung möglich?

Der Venture Capitalist wird diese Kriterien detailliert prüfen und entscheiden, inwieweit Ihr Unternehmen jedes einzelne erfüllt. Wie viel das Unternehmen wert ist, wird in der Regel ganz pragmatisch nach Erfahrungswerten und der jeweiligen Wettbewerbssituation der Kapitalgeber entschieden. Je nach Branche und Lebensphase eines Start-ups unterscheiden sich diese Werte deutlich.

Eigene Berechnung des Unternehmenswertes

Unter dem Begriff „Unternehmenswert" wird gemeinhin der Marktwert des Eigenkapitals (Equity Value) verstanden. Ein erstes Gefühl dafür, wie hoch Venture Capitalists Unternehmen bewerten, können Sie von „Kollegen" bekommen: Sprechen Sie mit anderen Unternehmerteams, die vor kurzem Kapital aufgenommen haben.

Sie sollten aber auch selbst rechnen. Da es bei Start-ups keinen Börsenwert gibt, ist ihr Marktwert nur indirekt zu bestimmen, das heißt über eine sogenannte Unternehmensbewertung oder Valuation. Einige Investoren bezweifeln den Sinn solcher Berechnungen und weisen darauf hin, dass die berechneten Größen zu unrealistischen Erwartungen führen können; denn unabhängig davon, was Sie berechnen, ist Ihr Unternehmen nur so viel wert, wie ein Investor nach der Verhandlung dafür zu zahlen bereit ist! Deshalb geht es bei Ihren eigenen Berechnungen weniger darum, selbst den „richtigen" Wert Ihres Unternehmens zu bestimmen, als vielmehr darum, ein Gefühl für die Faktoren zu bekommen, die den Unternehmenswert bestimmen. Gehen Sie dabei von der Devise aus, dass der Weg das Ziel ist.

Darüber hinaus können Sie sich durch eigene Berechnungen im Unternehmerteam frühzeitig Klarheit darüber verschaffen, wie viel Prozent des Unternehmens Sie vermutlich an Externe „verkaufen" sollten. Sie können Finanzierungsmöglichkeiten durchspielen und Alternativen berücksichtigen, letztlich also Ihre Verhandlungsposition auf Fakten basierend sicherer vertreten. Halten Sie Ihren Aufwand jedoch in Grenzen – Sie benötigen Ihre Zeit in dieser Phase vor allem für den Geschäftsaufbau!

In Theorie und Praxis werden verschiedene Verfahren zur Unternehmensbewertung kombiniert. Die Dynamik bei Start-ups ist häufig so groß, dass es leicht zu Fehlschlüssen kommen kann, wenn nur nach einem Verfahren vorgegangen wird. Verwenden Sie:

◆ die Discounted-Cashflow-Methode (DCF),
◆ das Abschätzen mit Multiples.

Im Folgenden wird die Mechanik der beiden Berechnungsarten vereinfacht an einem fiktiven jungen Unternehmen mit nachstehenden Zahlen dargestellt. Die einzelnen Vorgehensschritte sind in separaten Kästchen nachzulesen.

Unternehmenszahlen Beispiel-Start-up

in Tausend EUR

Jahr	1	2	3	4	5
Freie Cashflows	−565	−240	−60	180	405
Reingewinn (Jahresüberschuss)	−510	−390	−125	130	345

Berechnen mit Discounted Cashflows (DCF)

Aus Sicht der Kapitalgeber ist bei einer Unternehmensbewertung nicht der Substanzwert des Unternehmens (Geräte, Büros u. Ä.) relevant, sondern lediglich die erwarteten Cashflows, die mit der Substanz erwirtschaftet werden. Cashflows sind Zahlungsmittel, die Investoren einmal als Früchte ihrer Investition entnehmen können. Diese Betrachtung ist somit stark zukunftsgerichtet. Das können Sie gelegentlich auch an der Börse beobachten: Der Kurs eines Unternehmens sinkt, obwohl es derzeit erfolgreich ist, wenn die Investoren ihre Cashflow-Prognosen nach unten revidieren. Auch der Reingewinn (Jahresüberschuss) ist aus Investorensicht für die Wertbestimmung nur insoweit von Bedeutung, als er eine Kerngröße zur Schätzung der Cashflows ist.

Nach der DCF-Methode werden zunächst alle zukünftigen Freien Cashflows (siehe Kasten DCF-Methode) bestimmt, diskontiert und aufsummiert. Ergebnis dieser Methode ist der Entity Value, das heißt der Wert des Eigen- und des Fremdkapitals. Den Unternehmenswert (Equity Value) erhalten Sie nach Abzug des Fremdkapitals.

Teil 4

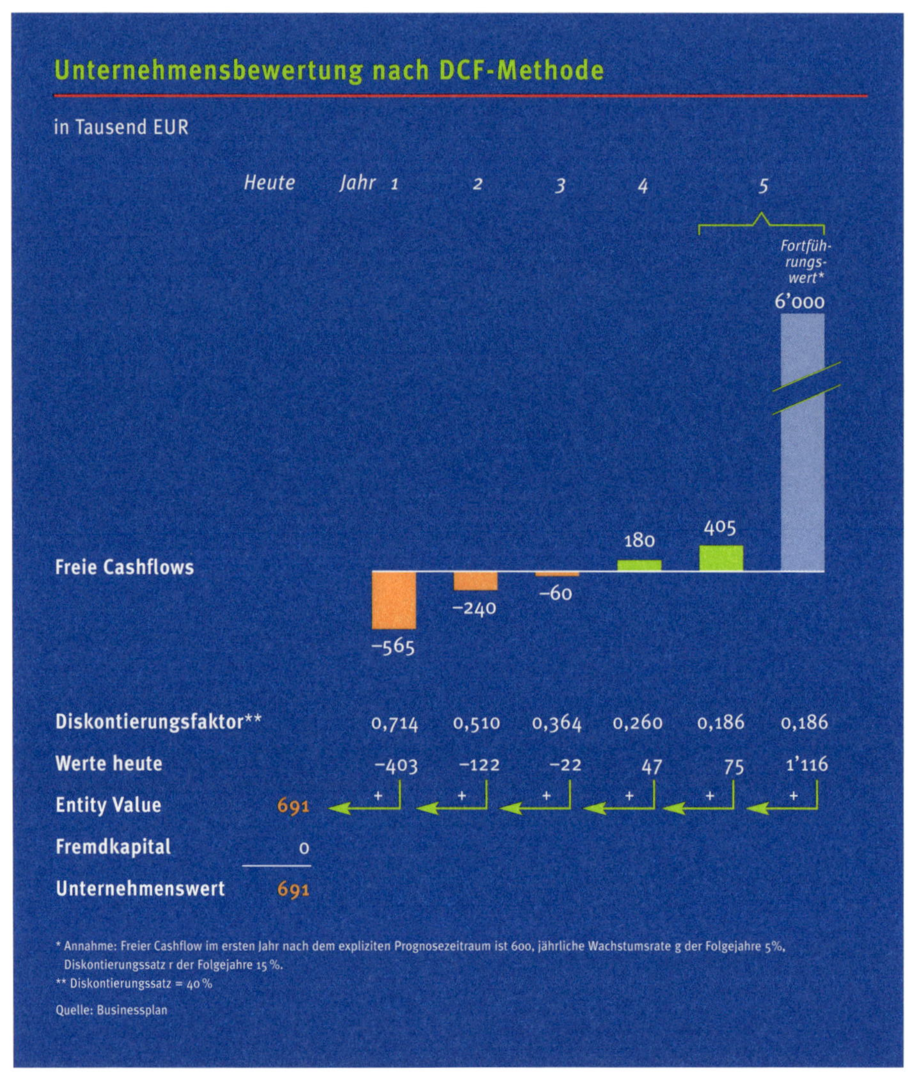

Cashflows fallen typischerweise zu unterschiedlichen Zeitpunkten an, wie in der Grafik dargestellt. Sie einfach zu addieren, wäre vergleichbar mit dem sprichwörtlichen Zusammenzählen von Äpfeln und Birnen. Zukünftige Werte müssen deshalb auf den aktuellen Wert zurückgerechnet – diskontiert – werden (vgl. Kapitel 8, Seite 150 ff.). Auf unser Beispielunternehmen übertragen, ergibt die Diskontierung der zukünftigen Cashflows auf den aktuellen Zeitpunkt den in der Grafik dargestellten Unternehmenswert von ca. 0,7 Mio. EUR.

Eine kontroverse Größe bei der Diskontierung ist der Diskontierungssatz r. Er hängt in der Gründungsphase im Wesentlichen vom Rentabilitätsziel der Investoren, den Risiken des Unternehmens und den Renditen vergleichbarer Anlagen ab. Venture Capitalists setzen als Diskontierungssatz häufig die von ihnen erwartete Rendite ein: je nach Umsetzungsstand, Industrie und erkannten Risiken zwischen 30 % und 70 %. Obwohl die Risiken mit den Jahren abnehmen, wird oft aus Gründen der Vereinfachung ein Standardsatz verwendet. Im Beispiel wird davon ausgegangen, dass sich das Unternehmen nach fünf Jahren etabliert hat und die Cashflows stabil sind. In den früheren Entwicklungsphasen eines Unternehmens werden Kapitalgeber höhere Renditen verfolgen; weil jedoch die Unsicherheit mit der Zeit abnimmt, werden sie auch die verlangte Rendite reduzieren. Unternehmer sollten sich deshalb bewusst sein, dass früh aufgenommenes Kapital in der Regel „teuer" ist, und dies in ihrer Unternehmensplanung und Kapitalbeschaffung berücksichtigen. Als Merksatz gilt: je höher das Risiko und damit die erwartete Rendite, umso geringer der aktuelle Unternehmenswert.

Venture Capitalists begründen diesen – auf den ersten Blick vielleicht hohen – Diskontierungssatz damit, dass

- neu gegründete Firmen ein hohes Risiko aufweisen;
- Aktien von Start-ups im Vergleich zu börsenkotierten Werten kaum handelbar, das heißt wenig liquider sind;
- sie das Unternehmerteam während ihrer Investitionszeit intensiv betreuen und beraten;
- die oftmals optimistischen Prognosen der Unternehmensgründer korrigiert werden müssen.

Überlegen Sie deshalb vor den Verhandlungen, welche der im Businessplan dargestellten Risiken Sie durch Ihr unternehmerisches Handeln bereits vermeiden oder reduzieren könnten.

Für Start-ups in der Anfangsphase ist die DCF-Methode nicht unproblematisch: Junge Unternehmen weisen typischerweise zunächst negative Cashflows und eine hohe Unsicherheit bei den Prognosen auf, weil Vergangen-

Discounted-Cashflow-Methode (DCF)

Im Businessplan haben Sie bereits Ihre Cashflows berechnet. Auf der Basis dieser Größen wird im Rahmen der DCF der Unternehmenswert durch die Summe der diskontierten Cashflows abzüglich des Fremdkapitals bestimmt.

1. Den aktuellen Wert zukünftiger Cashflows bestimmen

› Legen Sie den Zeitraum fest, für den Sie Prognosen für die Cashflows machen können (Prognosezeitraum). Bei Start-ups wird dies typischerweise ein Zeitraum von drei bis fünf Jahren sein.

› Bestimmen Sie die freien Cashflows für diese Jahre. Diese entsprechen annäherungsweise der Summe der Cashflows aus der Geschäfts- und der Investitionstätigkeit (siehe S. 165). Die genaue Formel lautet:

FCF = EBIT – Steuern + Abschreibungen – zusätzliches Umlaufvermögen – Investitionen

› Legen Sie einen Diskontierungs*satz* r fest, der das Risiko widerspiegelt. Um die Auswirkung des Diskontierungssatzes auf den Unternehmenswert besser abzuschätzen, empfiehlt es sich, unterschiedliche Szenarien zu berücksichtigen.

› Bestimmen Sie den Diskontierungs*faktor* für jedes Jahr nach der Formel:

$$\text{Diskontierungsfaktor} = \frac{1}{(1+r)^t}$$

wobei r = Diskontierungssatz in Prozent und t das Jahr ist, in welchem der Cashflow erfolgt.

In unserem Beispiel ist der Diskontierungs*faktor* für die ersten Jahre:

$$\frac{1}{(1+0{,}40)}\,, \quad \frac{1}{(1+0{,}40)^2}\,, \quad \frac{1}{(1+0{,}40)^3}\,, \; \ldots$$

› Der heutige Wert jedes Freien Cashflows ergibt sich für die einzelnen Jahre, indem der jeweilige freie Cashflow mit dem Diskontierungs*faktor* des entsprechenden Jahres multipliziert wird.

2. Den Fortführungswert berechnen

› Um die Cashflows auch nach dem Prognosezeitraum zu berücksichtigen, wird ein sogenannter Fortführungswert verwendet. Dieser wird durch folgende Formel bestimmt:

$$FW_t = \frac{FCF_{(t+1)}}{r-g}$$

heitswerte fehlen. Wenden Sie diese Methode dennoch an: Sie lernen dabei die impliziten Annahmen Ihres Businessplans und die Größen, die den Unternehmenswert beeinflussen, besser kennen und verstehen. Zusammen mit den Resultaten der Abschätzung mit Multiples und den Erfahrungswerten aus Gesprächen mit Kollegen können Sie eine realistische Bandbreite für Ihren Unternehmenswert definieren.

In der späteren Wachstumphase wird die hier beschriebene DCF-Methode nicht mehr ausreichen, da sich Kapitalstruktur (zum Beispiel durch Aufnahme von Fremdkapital), Steuersatz und Wachstumsrate Ihres Unternehmens zunehmend verändern. Ausführliches zur verfeinerten DCF-Methode finden Sie zum Beispiel im Standardwerk „Unternehmenswert" von Copeland, Koller, Murrin (siehe Literaturverzeichnis).

Abschätzen mit Multiples

Der Unternehmenswert kann näherungsweise auch mithilfe von „Vergleichswerten" von bereits etablierten Unternehmen, sogenannten Multiples, berechnet werden. Ein möglicher Vergleichswert ist das Kurs-Gewinn-Verhältnis (KGV), weitere sind im Kasten „Multiples" auf Seite 231 aufgeführt. Generell multiplizieren Sie nach diesem Verfahren die relevante Größe

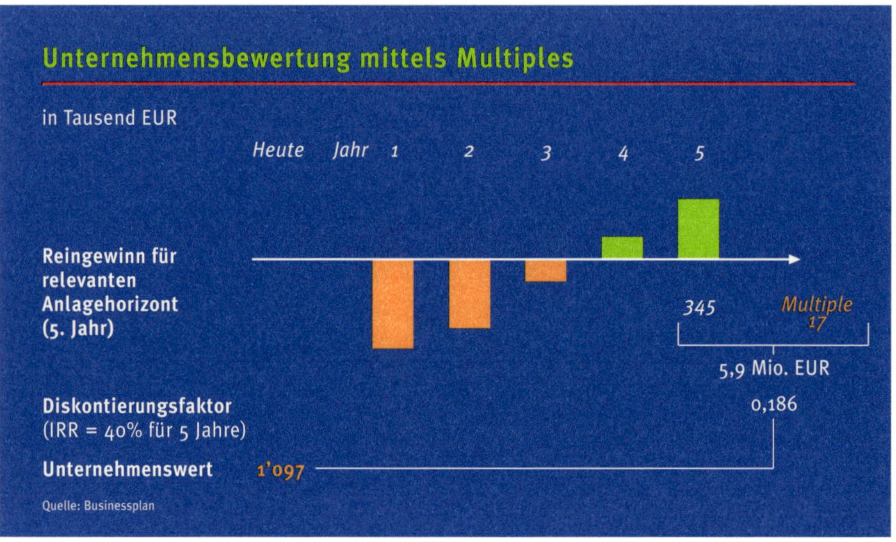

Ihres Unternehmens (zum Beispiel den Reingewinn) mit dem entsprechenden Multiple. Sie erhalten damit den Unternehmenswert (Equity Value) am Ende des Anlagehorizonts Ihres Investors, dem sogenannten Exitzeitpunkt (der Anlagehorizont ist typischerweise fünf bis zehn Jahre). Danach wird der Wert auf den aktuellen Unternehmenswert diskontiert.

Im Falle unseres Beispielunternehmens finden sich im Markt zwei vergleichbare Unternehmen mit einem KGV von 13 und 21. Dabei ist zu berücksichtigen, dass der Wert für die zwei Vergleichsunternehmen mit dem Stand unseres Unternehmens in fünf Jahren zu vergleichen ist. Für die Berechnung wird der Durchschnitt von 17 verwendet. Multipliziert mit dem Reingewinn zum Beispiel im fünften Jahr, ergibt sich ein zukünftiger Unternehmenswert von ca. 5,9 Mio. EUR im fünften Jahr. Dieser Unternehmenswert muss nun auf das heutige Jahr diskontiert werden. In unserem Beispiel werden 40 % als erwartete Rendite eingesetzt. Diskontiert ergibt sich ein aktueller Wert des Unternehmens von ca. 1,1 Mio. EUR.

Solche Vergleiche sind immer mit großen Unsicherheiten behaftet und deshalb mit Vorsicht zu betrachten: Wird zum Beispiel das genannte KGV auf den Gewinn im Jahr 4 angewandt, beträgt der berechnete Unternehmenswert nur mehr etwa die Hälfte!

Multiples

Der Unternehmenswert wird häufig auch aufgrund von Vergleichswerten von
etablierten Unternehmen – sogenannten Multiples – annäherungsweise berechnet.
Oft verwendete Multiples sind das Kurs-Gewinn-Verhältnis (KGV) und das Markt-
wert-Umsatz-Verhältnis.

1. Zukünftigen Unternehmenswert durch Multiple bestimmen

> Suchen Sie im Markt nach Firmen, die Ihrem Unternehmen möglichst ähnlich
> sind, zum Beispiel hinsichtlich Branche, Produktangebot, Risiko, Wachstums-
> rate, Kapitalstruktur und Cashflow-Prognosen. Gute Quellen sind die Geschäfts-
> berichte börsennotierter Unternehmen oder die Analystenberichte der Banken.

> Bilden Sie für die Vergleichsunternehmen das gewünschte Multiple für das Jahr,
> in dem das Vergleichsunternehmen an die Börse geführt wurde, zum Beispiel
> das KGV. Voraussetzung für die Verwendung des KGV ist jedoch, dass der Gewinn
> positiv ist.

$$KGV = \frac{P}{G} \text{, wobei } G = \frac{Reingewinn}{Anzahl\ Aktien} = \text{Gewinn pro Aktie, und } P = \text{aktueller Börsenkurs}$$

Haben Sie mehrere Unternehmen identifiziert, können Sie den Durchschnitt
bilden. Überlegen Sie, aus welchen Gründen Ihr Multiple im Jahr der Börsenein-
führung höher, aber auch niedriger sein kann, und passen Sie das Multiple
gegebenenfalls an.

> Multiplizieren Sie den in Ihrem Finanzplan ausgewiesenen Reingewinn zum
> Exitzeitpunkt des Anlegers mit dem Vergleichs-KGV. Der zukünftige Unter-
> nehmenswert UW ist KGV x Reingewinn.

> Rechnen Sie zum Vergleich auch mit weiteren Multiples, zum Beispiel

$$UW = \frac{Marktwert\ des\ EK}{Umsatz\ i} \times Umsatz\ j,$$

wobei i = Vergleichsunternehmen und j = Ihr Unternehmen ist.

Mögliche Multiples ergeben sich auch aus dem Verhältnis vom Marktwert des
EK zur Anzahl Kunden, zur Anzahl Mitarbeitenden oder zu den F+E-Kosten.

Multiples, _Fortsetzung_

2. Unternehmenswert auf aktuellen Wert diskontieren

> Die berechneten Zahlen sind die Unternehmenswerte im Exitjahr Ihres Kapitalgebers (zum Beispiel das 5. Jahr). Legen Sie einen dem Risiko entsprechenden Diskontierungssatz (r) fest, und berechnen Sie den entsprechenden Diskontierungsfaktor, zum Beispiel

$$\frac{1}{(1 + 0{,}40)^5}$$

> Der aktuelle Unternehmenswert (Equity Value) ergibt sich bei den Multiples durch die Multiplikation des berechneten zukünftigen Unternehmenswertes mit dem Diskontierungsfaktor.

Synthese der verschiedenen Unternehmenswerte

Aufgrund der Berechnungen gewinnen wir folgende Unternehmenswerte:

Errechneter Equity Value

Discounted Cashflow	ca. 0,7 Mio. EUR
Multiples mit Durchschnittswert von Vergleichsunternehmen	ca. 1,1 Mio. EUR
Durchschnitt beider Vorgehen	**ca. 0,9 Mio. EUR**

Der so berechnete Bereich für den Unternehmenswert (Pre-Money) von rund 0,7 Mio. bis 1,1 Mio. EUR ergibt einen guten Anhaltspunkt für Gespräche mit Kapitalgebern. Dieser Wert ist insofern realistisch, als wir annehmen, dass es sich beim Beispiel-Start-up um ein junges Team mit wenig Erfahrung handelt oder beispielsweise erst wenige Kunden gewonnen werden konnten.

> Berechnen Sie den Wert mit mehreren Verfahren, um das Wertspektrum klarer herauszuarbeiten, und vergleichen Sie die Resultate mit Erfahrungswerten Ihrer Branche.

> Spielen Sie verschiedene Szenarien durch, berücksichtigen Sie dabei die optimale Unternehmensentwicklung („Best Case") genauso wie Verzögerungen oder andere Hindernisse im schlechtesten Szenario („Worst Case").

> Überprüfen Sie Ihre Resultate wenn möglich mit Experten.

> Sprechen Sie mit anderen Unternehmerteams, die sich in einer vergleichbaren Situation befinden und bereits mit Kapitalgebern verhandelt haben.

> Überlegen Sie sich, aus welchen Gründen Sie eher am unteren oder am oberen Ende des Erfahrungswertebereichs liegen.

Halten Sie sich vor Augen, dass der Nutzen einer Bewertung wesentlich von der Plausibilität Ihrer Annahmen abhängt. Welche Annahmen haben Sie in Ihren Berechnungen implizit getroffen?

Sind Ihre Annahmen in der ersten Finanzierungsrunde zu optimistisch, und können Sie die Erwartungen später nicht erfüllen, verspielen Sie Ihre Glaubwürdigkeit – ein großes Hemmnis für weitere Finanzierungsrunden.

Berechnung des Kapitalgeber-Anteils

Rein rechnerisch gesehen, wird der Anteil des Investors durch die Höhe der Einlage (Finanzbedarf) und durch den aktuellen Wert Ihres Unternehmens bestimmt. Der Anteil des Kapitalgebers berechnet sich also nach der Formel

$$\frac{\text{Einlage des Kapitalgebers}}{\text{Unternehmenswert*}}$$

Angenommen, ein Venture Capitalist hat Interesse, den ersten Mittelbedarf unseres Beispiel-Start-ups von 0,3 Mio. EUR zu decken. Welchen Anteil am Unternehmen wird er möglicherweise beanspruchen?

*Pre-Money-Wert + Einlage des Kapitalgebers

Use a good accountant or bookkeeper, and a good lawyer, and listen to their advice. Get help in those areas in which you aren't familiar.

Martha Johnson
Eigentümerin, Suppers Restaurant

Anteil des Kapitalgebers

Pre-Money-Unternehmenswert	0,9 Mio. EUR
Einlage	0,3 Mio. EUR
Post-Money-Unternehmenswert	1,2 Mio. EUR

Anteil Investor

$$p = \frac{\text{Einlage}}{\text{Post-Money-Wert}} = \frac{0,3}{1,2} = 25\,\%$$

Anteil Unternehmerteam $\quad 1-p = 75\,\%$

Einige Investoren werden Ihnen eine auf „Performance" basierende Einlage anbieten: Erreichen Sie die vereinbarten Ziele (Milestones), gilt der ursprünglich berechnete Unternehmensanteil; ist Ihr Unternehmen weniger erfolgreich, wird der Unternehmensanteil des Investors nach einer Prüfung erhöht.

Vergessen Sie bei all diesen Berechnungen aber eines nicht: Letztlich ist der Wert entscheidend, auf den Sie sich in den Verhandlungen mit Ihrem Eigenkapitalgeber einigen, unabhängig davon, was Sie vorher berechnet haben. Die Berechnungen dienen Ihnen dazu, ein Wertgefühl zu entwickeln und Ihre Argumentation zu fundieren. Bleiben Sie kritisch: Fragen Sie sich nach Ihren Berechnungen einmal selbst, ob Sie bereit wären, für einen Anteil an Ihrem Unternehmen von zum Beispiel 25 % eine Einlage von 0,3 Mio. EUR zu machen.

DIE VERHANDLUNG

Ihr Businessplan ist ausgearbeitet, mit den Schätzungen zur Unternehmensbewertung und Eigenmittelbeschaffung haben Sie eine klarere
Vorstellung über eine Beteiligung von Investoren gewonnen. Nun
können Sie auf Investoren zugehen. Sind Investoren an Ihrem
Unternehmen interessiert, werden sie sich ihr eigenes Bild vom
Unternehmenswert machen. Für beide Seiten gilt jedoch: Die ermit-
telten Werte sind nicht absolut zu verstehen. Sie dienen lediglich
als Anhaltspunkt für einen oft langwierigen Verhandlungsprozess,
in dem die Interessen zusammengeführt werden.

Die Verhandlung mit den Investoren wird gelegentlich auch als „Rennen zwischen
Angst und Gier" bezeichnet – auf der einen Seite die Angst beim
Unternehmerteam, die notwendige Finanzierungslücke nicht decken
zu können, auf der anderen Seite der Wunsch, nicht zu viele Unternehmensanteile zu früh und zu preiswert abzugeben. Eine stufenwei-
se Kapitalerhöhung ist deshalb vorteilhaft, wiederholte Verhandlungen damit unerlässlich. Vermeiden Sie dabei auf jeden Fall, interessierte Investoren gegeneinander auszuspielen. Sprechen Sie
jedoch mit mehreren Investoren: Die Gespräche werden Ihnen schnell
zeigen, in welchen Punkten Sie realistisch sind und wo Sie gegebenenfalls „über das Ziel hinausschießen".

Wesentlich für die Verhandlungen sind fundierte Argumente und die persönliche
Überzeugungskraft des Unternehmerteams, die Dringlichkeit Ihrer
Kapitalbeschaffung, der Umsetzungsstand der Geschäftsidee (zum
Beispiel bestehende Kunden, Patente) sowie die Renditeerwartung
des Kapitalgebers. Letztlich entscheidend sind zwei Faktoren:

1. Wie groß ist die „Nachfrage" nach Ihrem Unternehmen? Dies hängt
   davon ab, wie viele Kapitalgeber Sie für Ihr Unternehmen interessieren konnten und wie realistisch Ihre Forderungen sind. Ein überzeu-
   gender Businessplan, der durch ein engagiertes und kompetentes
   Unternehmerteam präsentiert wird, ist dabei das wirkungsvollste
   Kommunikationsmittel.

2. Inwieweit gelingt es Ihnen, die Investoren von Ihren Vorstellungen zu überzeugen? Versetzen Sie sich bei der Vorbereitung und während der Verhandlungen in die Lage Ihres Gesprächspartners: Je besser Sie Ihre jeweiligen Anliegen verstehen, umso eher kommen Sie zu einer für beide Seiten tragfähigen Lösung. Zeigen Sie auch Kompromissbereitschaft. Ein Engagement von Investoren dauert in der Regel 5 bis 8 Jahre. Gegenseitiges Vertrauen ist deshalb entscheidend. Der beste Investor ist nicht automatisch derjenige, der Ihnen das meiste Geld für die wenigsten Unternehmensanteile bietet. Die Qualität der Unterstützung (das „smart money") kann für den Erfolg Ihres Unternehmens eine sehr große Bedeutung haben. Wägen Sie die verschiedenen Angebote sorgfältig ab.

Ein Deal kann sehr kompliziert werden. Es empfiehlt sich auf jeden Fall, mit erfahrenen Unternehmern Kontakt zu suchen, den fachkundigen Rat von Treuhändern, Steuerberatern und Anwälten – vor allem nach der Unterzeichnung des Term Sheet – einzuholen. Lassen Sie sich durch komplexe Konstruktionen nicht abschrecken; meistens haben diese legitime Gründe (zum Beispiel Steuerersparnisse, Kontrolle über die investierten Gelder). Bestehen Sie jedoch darauf, den Deal in allen Details genau zu verstehen.

Ihr Unternehmen wird vermutlich auch in den nächsten Jahren Kapital aufnehmen müssen, um die weitere Entwicklung zu finanzieren. Die Eigenmittelbeschaffung ist somit kein einmaliger Vorgang. Kapitalaufstockungen und Verhandlungen wiederholen sich in dieser Wachstumsphase.

Vorgehen bei weiteren Kapitalerhöhungen

Angenommen, unser Beispielunternehmen will nach eineinhalb Jahren 1 Mio. EUR von einem weiteren Investor B aufnehmen.

> Bestimmen Sie die relevanten Werte – je nach Methode zum Beispiel die freien Cashflows für die nächsten Jahre, den Reingewinn oder den Umsatz – und die Diskontierungssätze für den beabsichtigten Anlagehorizont neu. Dadurch berücksichtigen Sie die bisherige Unternehmensentwicklung. Berechnen Sie den aktuellen Unternehmenswert wie beschrieben.

Beispiel: Auf Basis der erneut berechneten Werte für den Prognosezeitraum ergibt sich ein Post-Money-Unternehmenswert von ca. 5 Mio. EUR.

> Bestimmen Sie die *wertmäßigen* Anteile nach der Einlage.

Beispiel: 5 Mio. EUR ist das Unternehmen wert, 1 Mio. EUR davon gehört Investor B. Von den verbleibenden 4 Mio. EUR gehören Ihrem Unternehmerteam 3 Mio. EUR (bisheriger Anteil von 75 %, multipliziert mit 4 Mio. EUR) und Investor A 1 Mio. EUR.

> Bestimmen Sie die *prozentualen* Anteile nach der Einlage.

Beispiel: Investor A hält 20 % (1 Mio. an 5 Mio. EUR), Investor B 20 % (1 Mio. an 5 Mio. EUR), und Sie halten 60 %.

Wiederholen Sie diese Vorgehensweise bei jeder weiteren Kapitalerhöhung.

Bei weiteren Kapitalerhöhungen müssen Sie Ihr Unternehmen erneut bewerten, die Anteile bestimmen und sich vertraglich mit dem Investor einigen.

Ihr Unternehmensanteil nimmt bei weiteren Kapitalaufnahmen mit jeder Einlage ab. Nach der zweiten Einlage halten Sie im Beispiel zwar nur noch 60 % (im Vergleich zu 75 % bei der ersten Einlage). Dies sollte Sie aber nicht beunruhigen: Ihr kleinerer prozentualer Anteil entspricht einem höheren absoluten Wert – die Einlagen finanzieren Ihr Wachstum.

Auf einen Blick – Eigenmittelbeschaffung

Geben Ihre Überlegungen und Berechnungen Antwort auf folgende Fragen?

1. **Investor** – Wer sind die Investoren, mit denen Sie verhandeln wollen? Kann der Investor mit Ihrem Unternehmen seine Zielrendite und andere Interessen erreichen? Welchen zusätzlichen Beitrag kann der Investor neben seinem finanziellen Engagement leisten („smart money")?
2. **Unternehmensbewertung** – Was ist ein realistischer Wert für Ihr Unternehmen? Auf welchen Annahmen beruhen die Berechnungen?
3. **Kapitalanteile** – Welchen Kapitalbetrag erhalten Sie für wie viel Prozent an Ihrem Eigenkapital?
4. **Vertragliche Regelung** – Wie ist das Vorgehen beim Rückzug des Investors und bei weiteren Kapitalaufstockungen vertraglich geregelt?

Teil 4

Anhang

Was ist das Schwerste von allem? Mit den Augen zu sehen, was vor den Augen dir liegt.

Johann Wolfgang von Goethe
Dichter

AUSFÜHRLICHES INHALTSVERZEICHNIS

Anhang

Businessplan SnowTrack

Teil 4: Eigenmittelbeschaffung und Unternehmensbewertung

GLOSSAR

Abschöpfungsstrategie	Preisstrategie, bei der ein Preis hoch angesetzt wird, um eine möglichst hohe Bruttomarge und somit eine hohe Gewinnabschöpfung zu erzielen; wird vor allem bei neuartigen Produkten oder Dienstleistungen mit wenig Alternativen für den Kunden angewandt
Abschreibungen	Senkung des Buch- oder Marktwertes eines Aktivums; zum Beispiel jährlicher Wertverlust von Maschinen, Computer-Hardware
Agent	Vermittler im Vertrieb/Verkauf, der nicht zur eigenen Firma gehört; meistens vertreibt der Agent ebenfalls Produkte oder Dienstleistungen anderer Hersteller
Aktionärsbindungsvertrag	Vertragliche Vereinbarung über die Konditionen der zukünftigen Zusammenarbeit und Eigentumsverhältnisse zwischen Eigenkapitalgeber und Unternehmerteam
Anlagevermögen	Vermögenswerte, die sich aus sogenannten Gebrauchsgütern zusammensetzen und der mehrmaligen, sukzessiven oder dauernden Nutzung dienen
Aktivum, Aktiva	Einer Firma zur Verfügung stehende Vermögenswerte, bestehend aus Umlaufvermögen und Anlagevermögen
Banklimite	Bis zu einem Maximalbetrag gesprochener Kredit, der nicht voll ausgeschöpft werden muss, wobei Zinsen nur auf den tatsächlich beanspruchten Betrag anfallen
Bankrott	Umgangssprachlich für Konkurs
Base Case	Annahme des nach bestem Wissen und Gewissen wahrscheinlichsten Geschäftsszenarios (manchmal auch „Normal Case" genannt)
Best Case	Geschäftsszenario unter Annahme mehrheitlich positiver Ereignisse oder Verläufe („günstigster Fall")
Bilanz	Aufstellung der Vermögens- und Schuldverhältnisse (Aktiva und Passiva) eines Unternehmens an einem Stichtag
Börsengang	Siehe Initial Public Offering
Break-even	Im Zusammenhang mit Start-up: Zeitpunkt, an dem positive Cashflows erarbeitet werden; generell: Zeitpunkt, an dem die Gewinnschwelle überschritten und ein Gewinn realisiert wird
Bruttoinvestitionen	Investitionen in neue Anlagen/Immobilien zum Anschaffungspreis, das heißt vor Abzug der im Kaufjahr anfallenden Abschreibungen
Bruttomarge	Betrag, der vom Verkaufserlös oder Umsatz übrig bleibt, wenn die direkt mit dem Produkt oder der Dienstleistung zusammenhängenden Kosten abgezogen sind; oft ausgedrückt in Prozent des Umsatzes

Buchgewinn/-verlust	Gewinne/Verluste, die allein durch das Ausführen einer Buchungsoperation entstehen, indem ein im Wert gestiegenes/gesunkenes Aktivum oder Passivum in der Bilanz im Wert angepasst wird
Buchhaltung	Instrument/Funktion zur Messung und Darstellung der finanziellen Lage und des Erfolgs eines Unternehmens
Bürgschaft	Verpflichtung eines Bürgen gegenüber dem Gläubiger eines Schuldners, für die Erfüllung der Schuld einzustehen
Burn Rate	Geschwindigkeit, mit der Geld aufgebraucht wird; zum Beispiel ausgedrückt in Franken pro Monat
Business Angel	Vermögende Einzelperson, die Kapital (Venture Capital) zur Verfügung stellt; nicht professioneller Venture-Capital-Geber
Businessplan	Bericht, der klar und prägnant Auskunft gibt über alle Aspekte eines neuen Unternehmens, die für Investoren wichtig sind; dazu gehören Fragen der Produktidee, des Marktes, des Teams und der Führung, des zukünftigen Betriebs, betriebswirtschaftliche Analysen etc.
Callcenter	Telefonzentrale, die in der Lage ist, eine Großzahl von Anrufen entgegenzunehmen und abzuwickeln; typische Anwendungen: Aufnahme telefonischer Bestellungen im Direktvertrieb (zum Beispiel Versandhäuser) oder Informations- und Reservationsdienste (Telefon, Fluggesellschaften)
Cashflow	Nettogeldzufluss in einer bestimmten Zeitspanne
Closing	Zeitpunkt, zu dem eine Finanzierungsrunde durch Unterschrift unter den Aktionärsbindungsvertrag besiegelt wird
Copyright	Urheberrechtsschutz, um die Nachahmung einer Idee, eines Namens oder eines Produktes zu unterbinden
Differenzierung	Begriff aus dem Marketing, beschreibt die Verschiedenartigkeit von Angeboten, das heißt, wie verschiedene Produkte oder Dienstleistungen sich voneinander unterscheiden
Direct Mail	Kundenansprache durch direktes Anschreiben per Post oder E-Mail (im Gegensatz zu Zeitungsinseraten oder TV-Werbespots); um ein bestimmtes Kundensegment anzusprechen, werden die Adressaten meistens nach speziellen demografischen Kriterien selektiert
Discounted-Cashflow-Methode	Verfahren zur Bewertung von Unternehmen, bei dem der Unternehmenswert (Equity Value) sich aus der Summe der zukünftigen diskontierten Freien Cashflows (Entity Value) abzüglich des Marktwertes des Fremdkapitals ergibt
Diskontierungsfaktor	Wert, mit dem eine Größe (zum Beispiel Cashflows) auf einen zurückliegenden oder zukünftigen Zeitpunkt zurück- bzw. hochgerechnet wird

| Diskontierungssatz | Prozentsatz für die Diskontierung, der bei Start-ups häufig annäherungsweise durch die – für das eingegangene Risiko – erwartete Rendite des Investors bestimmt wird |

Diskontierungssatz	Prozentsatz für die Diskontierung, der bei Start-ups häufig annäherungsweise durch die – für das eingegangene Risiko – erwartete Rendite des Investors bestimmt wird
Due Diligence	Detaillierte Prüfung und Bewertung aller risiko- und ertragsrelevanten Unternehmensaspekte
Early Stage	Entwicklungsphase eines Unternehmens von der Firmengründung bis zum Marktauftritt und zu ersten Markterfolgen
EBIT	Earnings Before Interest and Taxes (Gewinn vor Zinsen und Steuern)
EBITDA	Earnings Before Interest, Taxes, Depreciation and Amortisation (Gewinn vor Zinsen, Steuern, Abschreibungen und Amortisation)
Eigenkapital	Reinvermögen des Unternehmens: Aktiva – Fremdkapital; Eigenkapital besteht aus Grundkapital, gesetzlichen Reserven, übrigen offenen Reserven, Gewinnvorträgen, stillen Reserven
Entity Value	Gesamtwert, das heißt Wert des Eigenkapitals (Equity Value) und Fremdkapitals eines Unternehmens
Equity Value	Marktwert des Eigenkapitals, Synonym für Unternehmenswert
Erfolgsrechnung	Aufstellung der Aufwendungen und Erträge (beide brutto) innerhalb einer gewissen Zeitspanne (meistens ein Jahr). Saldo = Gewinn/Verlust
Ertragsmechanik	Mechanik oder System, nach dem ein Unternehmen seinen Gewinn erwirtschaftet; Beispiele: Kauf/Verkauf bei einem Handelsunternehmen, Franchising bei einer Fast-Food-Kette
Exit	Zeitpunkt, zu dem ein Kapitalgeber durch Veräußerung seiner Anteile die Beteiligung an einem Unternehmen beendet
Exit-Strategie	Strategie zur Realisierung des Gewinns aus einer Investition
Expansion Phase	Weiteres intensives Wachstum eines (neuen) Unternehmens, zum Beispiel nach ersten Markterfolgen (bei Unternehmensgründungen folgt diese Phase auf die Start-up-Phase)
Fortführungswert	Wert aller erwarteten zukünftigen freien Cashflows eines Unternehmens für die Jahre nach dem festgelegten Prognosezeitraum
Finanzierung	Beschaffung oder Bereitstellung von finanziellen Ressourcen/Kapital für ein Projekt oder Unternehmen
Finanzplanung	Analyse der finanziellen Situation eines Unternehmens und Prognose/Abschätzung der zukünftigen finanziellen Entwicklung, zum Beispiel Kapitalbedarf

Franchising	Vertriebs- und Lizenzsystem, bei dem selbstständige Franchisenehmer Markenartikel oder Serviceleistungen eines Unternehmens (Franchisegeber) verkaufen, wobei Letzteres die Geschäftspolitik bestimmt. Der Franchisenehmer bezahlt eine Lizenzgebühr
Freier Cashflow	Basis für die Berechnung des Unternehmenswertes; Zunahme der Geldmittel aus betrieblicher Tätigkeit, vermindert um Geldmittel aus Investitionsvorgängen
Fremdkapital	Einem Unternehmen zur Verfügung gestelltes Kapital, das mit Verbindlichkeiten verbunden ist, zum Beispiel Zinszahlungen; unterschieden wird nach der Mittelherkunft und der Fälligkeit der Verbindlichkeiten, zum Beispiel kurzfristiges und langfristiges Fremdkapital
Gantt-Chart	Übersicht über den zeitlichen Verlauf eines Projektes, in der verschiedene Projektaktivitäten in ihrer zeitlichen Abfolge und Dauer (durch Balken) abgebildet werden
Geldfluss	Siehe Cashflow
Geschäftssystem	Beschreibung von Einzeltätigkeiten eines Unternehmens und deren gegenseitiger Abhängigkeit; das Geschäftssystem zeigt, welche Tätigkeiten wie ablaufen müssen, damit ein Produkt hergestellt oder eine Dienstleistung erbracht werden kann
Going Public	Siehe Initial Public Offering
Hard Money	Kapital, das eine Rendite erwirtschaften muss, zum Beispiel Venture Capital
Hurdle Rate	Minimale Rendite (Internal Rate of Return), die erreicht werden muss, damit eine Investition interessant erscheint (bei Venture Capital 30 bis 40 %)
Hypothek	Pfandrecht an einem Grundstück zur Sicherung eines ausbezahlten Kredites; zum Beispiel von Seiten einer Bank gegenüber dem Kreditnehmer
IPO/Initial Public Offering	Erstmaliger Börsengang eines Unternehmens und Publikumsöffnung, das heißt, eine breitere Öffentlichkeit erhält Gelegenheit, in eine Firma zu investieren
IRR/Internal Rate of Return	Diskontsatz, bei dem der NPV aller negativen und positiven Cashflows gleich null wird
KMU/Kleine und mittlere Unternehmungen	Kleine und mittlere Unternehmen der Größe bis ca. 250 Mitarbeiter
Konkurrenzanalyse	Analyse der Mitbewerber im gleichen Absatzmarkt mit dem Ziel, Stärken und Schwächen der Mitbewerber zu verstehen
Konkurs	Einstellung aller Zahlungen eines Unternehmens wegen Zahlungsunfähigkeit mit nachfolgender Auflösung des Unternehmens

Kundennutzen	Vorteile/Werte, die sich für den Kunden aus der Nutzung eines Produktes oder einer Dienstleistung ergeben
Kundensegmente	Aufteilung eines Gesamtmarktes in spezielle Kundengruppen (= Segmente), die gewisse Kriterien, zum Beispiel geografische, demografische oder soziale, erfüllen
Kurs-Gewinn-Verhältnis	Verhältnis vom Börsenkurs eines Unternehmens zu seinem Reingewinn pro Aktie
Kurzfristige Schulden	Schulden, die innerhalb eines Geschäftsjahres zurückbezahlt werden müssen (Kreditoren, Kontokorrent)
Langfristige Schulden	Schulden, die nicht innerhalb eines Geschäftsjahres zurückbezahlt werden müssen (Hypotheken, mehrjährige Darlehen)
Leasing	Mietgeschäft über Ausrüstungsgegenstände, Werkzeuge und Immobilien für den Gebrauch, wobei der Vermieter Eigentümer bleibt, der Mieter aber das Recht hat, den gemieteten Gegenstand nachträglich zu kaufen, unter teilweiser Anrechnung der bereits geleisteten Mietgebühren
Letter of Intent	Dokumentation der ersten Vorverhandlungsergebnisse sowie der Absicht, nach weiteren Prüfungen zu einer vertraglichen Einigung zwischen Venture Capitalist und Jungunternehmen zu kommen
Leverage	Grad der Fremdverschuldung eines Unternehmens, meistens ausgedrückt durch das Verhältnis von Fremd- zu Eigenkapital
Liquidation	Verflüssigung der Aktiva eines Unternehmes mit anschließender Bezahlung der Verpflichtungen und Auflösung des Unternehmens
Liquidität	Fähigkeit, fällige Zahlungsverpflichtungen zu erfüllen, zum Beispiel indem genügend flüssige Mittel vorhanden sind
Lizenz	Durch Vertrag erworbene Befugnis zur Herstellung oder Erbringung eines patentrechtlich geschützten Produktes oder einer Dienstleistung, meistens verknüpft mit einer Lizenzgebühr
Lizenzgebühr	Gebühr, die bezahlt werden muss, um eine Lizenz zu erwerben
Make or buy	Entscheidung, ob ein Produkt oder eine Dienstleistung selber hergestellt (make) oder eingekauft (buy) wird
Marge	Unterschied zwischen Verkaufspreis und Selbstkosten, auch Verdienstspanne genannt
Markenschutz	Siehe Trademark

Marketing	Bearbeitung von Märkten, um (Tausch-)Geschäfte zu realisieren, durch die Kundenbedürfnisse befriedigt werden; in vielen Fällen eine Unternehmensfunktion (die Marketingabteilung), oft auch eine Unternehmensphilosophie, bei der das betriebswirtschaftliche Handeln konsequent auf die Erfordernisse des Marktes ausgerichtet wird
Marketingmix	Ausgestaltung der Marketingmittel (Product, Price, Place, Promotion) zur Erreichung der Marketingziele
Marktanalyse	Analyse von Bezugs- und Absatzmärkten mit dem Ziel festzustellen, ob und wie ein bestimmter Markt ein Produkt aufnimmt
Marktdurchdringung	Prozentualer Anteil eines Anbieters X am Gesamtmarkt (der genau zu definieren ist)
Mezzanine	Finanzierungsrunde im mittleren Entwicklungsstadium eines neuen Unternehmens, meistens letzte Runde vor dem Initial Public Offering; oder hybrides Finanzierungsinstrument zwischen Eigen- und Fremdkapital
Mittelflussrechnung	Siehe Cashflow
Multiple	Bewertungsmultiplikator zur Bestimmung des Unternehmenswertes, mit dem Werte eines Vergleichsunternehmens in Beziehung gesetzt werden (zum Beispiel Kurs-Gewinn-Verhältnis)
Nettoerfolg	Gewinnsaldo nach Bezahlung aller Ausgaben und Steuern
Neutraler Erfolg	Erfolg/Gewinn aus nicht üblicher Geschäftstätigkeit des Unternehmens (Börsengewinne, Verkauf von Maschinen über Buchwert usw.)
NPV/Net Present Value	Nettowert eines zukünftigen Vermögenswerts, zum Beispiel eines Cashflows, aus Sicht der Gegenwart; Antwort auf die Frage: Wie viel ist ein zukünftiger Geldbetrag heute wert?
Operativer Cashflow	Siehe freier Cashflow
Operativer Erfolg	Gewinn aus üblicher Geschäftstätigkeit des Unternehmens = Gewinn minus neutraler Erfolg
Passivum, Passiva	Beschreibung der Kapitalquellen und der damit verbundenen Verbindlichkeiten eines Unternehmens
Patent	Rechtsschutz von geistigem Eigentum. Geschützt werden können Produkte, aber auch Verfahren; in diesem Falle unterstehen auch die unmittelbar mit diesem Verfahren hergestellten Produkte dem Patentschutz; ein Patent kann man selber nutzen oder als Lizenz an Dritte weitergeben
Payback-Periode	Zeitraum, bis sämtliche negativen Cashflows durch positive Cashflows kompensiert sind

Penetrationsstrategie	Strategie zur Erreichung eines bestimmten Marktanteils, der sogenannten Zielpenetration, zum Beispiel bei der Einführung eines neuen Produktes mit niedrigen Preisen
Planbilanz	Geplante Vermögens- und Schuldverhältnisse an einem in der Zukunft liegenden Stichtag
Plan-Cashflow-Rechnung	Geplanter Nettogeldzufluss in einer bestimmten Periode
Planerfolgsrechnung	Aufstellung der für die Zukunft geplanten Aufwendungen und Erträge innerhalb einer gewissen Zeitspanne (meistens 1 Jahr); Saldo = Gewinn
Plangewinn-/Planverlustrechnung	Siehe Planerfolgsrechnung
Positionierung	Begriff aus dem Marketing; beschreibt, wo und wie ein Produkt oder ein Unternehmen in den Augen der Kunden platziert ist, zum Beispiel in Bezug auf verschiedene Kundensegmente oder im Vergleich zur Konkurrenz
Post-Money-Wert	Wert eines Unternehmens inklusive der Einlage eines Investors (definiert durch Pre-Money-Wert plus Einlage)
Pre-Money-Wert	Wert eines Unternehmens vor der Einlage eines Investors
Price-Earnings-Ratio (P/E-Ratio)	Siehe Kurs-Gewinn-Verhältnis
Private Equity	Beteiligungsfinanzierung, das heißt Beteiligung von Eigenkapitalgebern an privaten, nicht börsenkotierten Unternehmen
Promotion	Kommunikationsmittel und -aktionen, mit denen dem Kunden die Vorteile eines Produktes oder einer Dienstleistung vermittelt werden sollen
Reingewinn (Jahresüberschuss)	Summe aller Erträge abzüglich aller Aufwendungen
Rentabilität	Gewinn/Erfolg einer Unternehmung im Verhältnis zum Umsatz oder zum eingesetzten Kapital
Revisionsstelle	Prüft, ob die Bilanz und die Erfolgsrechnung mit der Buchhaltung übereinstimmen, die Buchhaltung ordnungsgemäß geführt ist und bei der Darstellung der Vermögenslage und des Geschäftsergebnisses die gesetzlichen Bewertungsvorschriften eingehalten wurden
Rollover-Kredit	Mittel- bis langfristiger ungedeckter Vorschuss, dessen Verzinsung in regelmäßigen Abständen dem allgemeinen Zinsniveau angepasst wird
Rounds of Financing	Finanzierungsstufen oder -schritte eines Unternehmens
Seed Money	Geld für die Finanzierung der Seed-Phase

Seed-Phase	Erste Entwicklungsphase eines Unternehmens, meistens noch vor der Firmengründung, in der die Geschäftsidee entwickelt wird
Sensitivitätsanalyse	Analyse der Wirkung möglicher Veränderungen von Größen wie Preis, Menge oder Kosten auf die Rentabilität eines Projektes oder eines Unternehmens
Smart Money	Nicht finanzieller Beitrag eines Kapitalgebers, zum Beispiel in Form von Verbindungen, Markt- oder Rechtskenntnissen
Soft Money	Kapital, für welches kein Renditezwang besteht; wird meistens von Familie, Bekannten, Staat oder Stiftungen zur Verfügung gestellt
Start-up	Unternehmen kurz vor oder nach der Gründung, oft auch Bezeichnung für ein Wachstumsunternehmen (ein Start-up); abgeschlossen ist ein Start-up mit einem Initial Public Offering oder mit dem Verkauf des Unternehmens
Start-up-Phase	Siehe Early Stage
Stock-Option-Plan	Plan zur Beteiligung der Mitarbeiter an der Wertentwicklung eines Unternehmens mithilfe von Optionen auf die Aktien des Unternehmens
Substitute	Andersartige Produkte, die das gleiche Kundenbedürfnis befriedigen
Term Sheet	Vorvertrag; Einigung zwischen einem Investor und dem Unternehmerteam vor der endgültigen Vertragsausarbeitung
Trademark	Bezeichnet den Schutz einer Marke (Bezeichnungsmonopol)
Umlaufvermögen	Vermögenswerte, die sich im normalen Ablauf der Geschäftstätigkeit kurzfristig in flüssige Mittel verwandeln lassen
Umsatz	Sämtliche Einnahmen oder Erlöse, die aus dem Verkauf von hergestellten Produkten oder erbrachten Dienstleistungen entstehen
Unternehmensanteil des Investors	Einlage des Investors, dividiert durch den Post-Money-Wert des Unternehmens
Unternehmensbewertung	Verfahren, bei dem der Wert des Eigenkapitals (Unternehmenswert) eines Unternehmens zu einem bestimmten Zeitpunkt bestimmt wird (Unterscheidung nach Pre-Money- und Post-Money-Wert)
Unternehmenswert	Marktwert des Eigenkapitals eines Unternehmens, Synonym für Equity Value
Urheberrecht	Siehe Copyright
USP/Unique Selling Proposition	Begriff aus dem Marketing, „einzigartiges Verkaufsangebot", das heißt schlagendes Verkaufsargument oder spezielle Eigenschaft, welche einem Produkt oder einer Dienstleistung einen größeren Kundennutzen verschafft

Valuation	Siehe Unternehmensbewertung
Velocity	„Geschwindigkeit" der Umsetzung des Businessplans: „High Velocity" schafft einen Vorsprung gegenüber der Konkurrenz
Venture Capital	Geld von Investoren für die Finanzierung von neuen, wachstumsstarken Unternehmen, Risikokapital
Venture Capital Fund	Fonds, aus dem der professionelle Venture Capitalist seine Investitionen finanziert
Vertrieb	Planung, Implementierung und Kontrolle des Transports von Produkten und Dienstleistungen vom Ausgangspunkt bis zum Kunden
Vertriebskanal	Physischer Weg, auf dem ein Produkt vom Unternehmen zu den Kunden gelangt; es gibt verschiedene Formen: Direktvertrieb, Einzelhändler, Agenten, Franchising, Großhändler
Win-win-Situation	Situation, in der alle beteiligten Personen oder Unternehmen gewinnen oder den Vorteil als gerecht verteilt empfinden
Worst Case	Annahme eines Geschäftsszenarios mit Einberechnung mehrheitlich ungünstiger Bedingungen („ungünstigster Fall")

LITERATURVERZEICHNIS

Abrams, Rhonda
The Successful Business Plan: Secrets and Strategies. 4. Auflage. The Planning Shop, 2003.

Copeland, Thomas E.; Koller, Tim; Murrin, Jack
Unternehmenswert. 3. Auflage. Campus, 2002.

Fisher, Roger; Ury, William; Patton, Bruce M.
Das Harvard-Konzept. Der Klassiker der Verhandlungstechnik. Campus, 2003.

Hierhold, Emil
Sicher präsentieren – wirksamer vortragen. 7., aktualisierte Auflage. Redline, 2005.

Katzenbach, Jon R.; Smith, Douglas K.
Teams. Der Schlüssel zur Hochleistungsorganisation. Redline, 2003.

Koller, Tim; Goedhart, Marc; Wessels, David
Valuation: Measuring and Managing the Value of Companies. 4. Auflage. Wiley & Sons, 2005.

Kotler, Philip; Bliemel, Friedhelm
Marketing-Management. Analyse, Planung und Verwirklichung. Pearson Studium, 2005.

Kuratko, Donald F.; Hodgetts, Richard M.
Entrepreneurship. 7. Auflage. South-Western College Pub, 2006.

Pinson, Linda
Anatomy of a Business Plan: A Step-by-Step Guide to Building a Business and Securing Your Company's Future. 6. Auflage. Kaplan Business, 2004.

Rieder, Lukas; Siegwart, Hans
Neues Brevier des Rechnungswesens. 5., überarbeitete Auflage. Haupt, 2005

Roberts, Michael J.; Stevenson, Howard H.; Sahlman, William A.; Marshall, Paul W.
New Business Ventures and the Entrepreneur. 6. Auflage. McGraw-Hill/Irwin, 2006.

Seiler, Armin
BWL in der Praxis, I–IV. Orell Füssli, 1998–2000.

Spremann, Klaus
Wirtschaft, Investition und Finanzierung, 6. Auflage. Oldenbourg, 2007.

Thommen, Jean-Paul; Achleitner; Ann-Kristin
Allgemeine Betriebswirtschaftslehre. 5. Auflage. Gabler, 2006.

Wöhe, Günter; Döring, Ulrich
Einführung in die Allgemeine Betriebswirtschaftslehre. 22. Auflage. Vahlen, 2005.

NÜTZLICHE INTERNET-ADRESSEN

Venture – Companies for tomorrow
Businessplan-Wettbewerb von McKinsey Schweiz, der ETH Zürich und der KTI, der Förderagentur des Bundes für Innovation.
www.venture.ch

Venture Incubator
Schweizer Venture-Capital-Gesellschaft, die technologiebasierte Start-ups mit Kapital, Coaching, Beratung und Netzwerken unterstützt.
www.vipartners.ch

European Venture Capital Association
Informationen zum Thema Venture Capital und zur Organisation der Europäischen Venture-Capital-Vereinigung.
www.evca.com

First Tuesday
Netzwerk für Innovation und Technologie.
www.firsttuesday.com

Investorwords
Definitionen und Links zum Thema Finanzen.
www.investorwords.com

KTI Start-up
Initiative der Kommission für Technologie und Innovation (KTI) zur Unterstützung von Start-ups durch die Privatindustrie, Hochschulen und das Bundesamt für Berufsbildung und Technologie.
www.ktistartup.ch

Münchener Businessplan-Wettbewerb
www.mbpw.de

Swiss Private Equity & Corporate Finance Association (SECA)
Informationen zum Thema Venture Capital in der Schweiz und zur Organisation der SECA.
www.seca.ch

Eidgenössisches Institut für Geistiges Eigentum
Informationen zur Patentanmeldung und Recherche-Links zu Patenten und geschützten Marken.
www.ige.ch

Jeder Unternehmer hat einen Vorgesetzten – und das ist der Markt.

Unbekannt.